# 食品包装中的大学问

## 从包装鉴别食品

■ 江津津 张 挺 黄利华 主编

·广州·

图书在版编目（CIP）数据

食品包装中的大学问：从包装鉴别食品 / 江津津，张挺，黄利华主编 . —广州：华南理工大学出版社，2018.3
ISBN 978-7-5623-5584-7

Ⅰ . ①食… Ⅱ . ①江… ②张… ③黄… Ⅲ . ①食品包装 Ⅳ . ① TS206

中国版本图书馆 CIP 数据核字（2018）第 052079 号

Shipin Baozhuang Zhong De Daxuewen —— Cong Baozhuang Jianbie Shipin
**食品包装中的大学问——从包装鉴别食品**
江津津　张　挺　黄利华　主编

---

出 版 人：卢家明
出版发行：华南理工大学出版社
（广州五山华南理工大学 17 号楼，邮编 510640）
http://www.scutpress.com.cn　E-mail: scutc13@scut.edu.cn
营销部电话：020-87113487　87111048（传真）
策划编辑：胡　元
责任编辑：卜穗珍
印 刷 者：广州市新怡印务有限公司
开　　本：787mm × 1092mm　1/16　印张：9.75　字数：126 千
版　　次：2018 年 3 月第 1 版　2018 年 3 月 第 1 次印刷
印　　数：5000 册
定　　价：38.00 元

---

版权所有　盗版必究　　印装差错　负责调换

# 序言

审读《食品包装中的大学问——从包装鉴别食品》以后，切身体会到：一定要将必须了解的商品包装知识告知广大的消费者。

食品包装上的营养标签包含了食品的基本营养特性和营养信息，是消费者了解食品的营养组分和特征的来源，读懂营养标签也是保证消费者的知情权、引导和促进健康消费的重要途径。食品安全一直是人们关注的敏感话题，而与食品接触的包装材料或者容器的安全性却往往为消费者所忽视。与食品直接接触的包装材料或者容器中的化学成分一旦向食品中迁移，且迁移量超过一定界限时，就会造成食品的安全卫生问题，影响人体的健康。对食品接触材料的安全问题，我们既要重视，也需要科学理性地看待。希望通过全社会的共同努力，不断提高食品安全和消费者保护水平，使广大消费者能够“买得放心，用得放心”！

随着社会的发展，食品包装已受到世界各国越来越广泛的重视。美国、欧盟、日本等发达国家（地区）都对与食品接触的包装材料制定了相应的法规和限量标准，并实施了严格的市场准入管理，成为限制进口的新的技术贸易壁垒。

当前，我国正推行“健康中国”战略，这本书普及了食品包装相关知识、营养标签知识和通过食品包装鉴别食品的技巧。希望阅读本书后，广大消费者鉴别食品的能力有所提高，自我保健意识有所增强。

广东省食品学会名誉理事长

# 前言

随着包装技术和材料科学的发展，食品包装越来越多样化，消费者在面对琳琅满目的食品时往往只被包装的外观、形式所吸引，而忽略了包装上显示的重要的食品信息。为了普及食品包装知识、营养标签知识和食品安全知识，特编写本书，旨在引导消费者对食品包装和包装食品有更科学的认识，提高消费者鉴别食品的能力。

国际教育发展委员会倡导终身教育和学习型的社会。科普教育正是实现终身教育和学习的途径之一，在与食品相关的科普读物较为匮乏的现实生活中，《食品包装中的大学问——从包装鉴别食品》是一本针对大众进行食品包装（涵盖营养标签和食品安全知识）知识普及的科普著作。本书结合知识经济时代的特征进行编写，有利于培养大众的食品安全意识及正确的营养态度、行为与习惯，增强自我保健能力，使广大消费者远离不安全食品，逐步变成“懂营养、会辨别、识包装”的高素质的现代精明消费者！

本书立足国情，以普通消费群体为读者，结合国内外食品包装相关的标准与规范编写，编撰过程中得到广州市科学技术协会、广州市南山自然科学学术交流基金会、广州市合力科普基金会、广州市科技计划项目科普与软科学专项资金以及广州市社区教育服务指导中心共同资助出版。本书在编写过程中得到了广州城市职业学院食品系全体教职员工的鼎力相助，韶关学院2015级食品科学与工程专业的林泽艺同学帮忙撰写整理第五章的内容，在此一并表示感谢。由于是第一次编撰科普读物，书中难免存在不足之处，恳请读者指正。

编　者

2018年3月

# 目录

# 第一章

# 生活中的食品包装

远古时期，人们通过播种、收获和渔猎获得食物。当食物越来越多的时候，人们发明了各种各样的保藏方法。早期保藏食物的方法主要有烟熏、干制和腌渍，后来出现了各种手工作坊帮助人们加工和贮藏食物，再后来，随着工业技术的发展，食品工业和食品包装应运而生。食品包装作为食品这种商品的组成部分，最初是为了保护食品，使之免受各种生物的、化学的、物理的损害以及便于贮藏和流通。随着食品工业的发展，食品包装的效果越发神奇。人们发现对食品进行包装除了可以保持食品本身品质的稳定，还能方便食用、美化外观、吸引消费者、提高销售量，大大提高了食品的价值。于是，食品的包装变得越来越复杂、越来越华丽，不少食品的包装成本甚至远远超过食品本身的价值，比如某些月饼和茶叶等传统食品的包装。在提倡环保和绿色生活的今天，这样的包装不能被称为“神奇”，而只能被称为“奢侈”了。但不管怎样，食品包装是当今食品工业和现代生活不可或缺的重要组成部分。

# 一、食品包装和食品包装技术

食品包装种类日渐繁多，常见的有金属包装、玻璃包装、纸质包装、塑料包装、复合材料包装等。如果按照包装形式，可分为罐装、瓶装、袋装、卷装、盒装、箱装等；如果按产品层次，可分为内包装、二级包装、三级包装……外包装等；如果按照包装技术来分，又有真空包装、无菌包装、防潮包装等。食品包装技术是随着工业技术的发展、消费市场的需求以及材料科学的不断进步而发展的，通过包装技术我们希望解决三个主要问题：一是根据产品的种类和需要选择合适的条件进行包装以延长保质期；二是选用适合的包装材料使食品能经受物流和零售环节的磨损；三是选用适当的工艺使企业获得更大收益。常见的食品包装技术包括防潮包装、真空包装、充气包装、收缩包装、气调包装、罐头包装和无菌包装7大类。

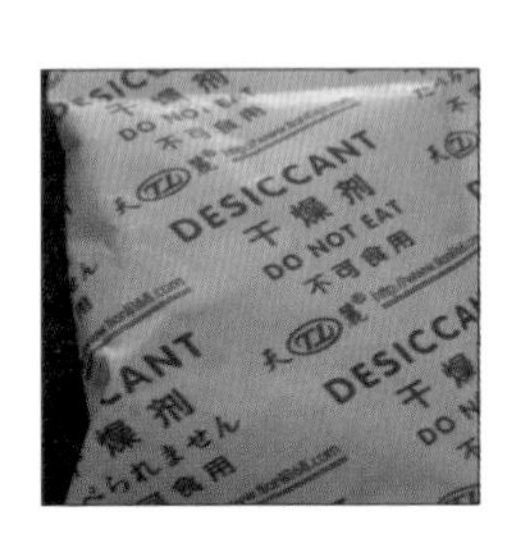

## 1. 防潮包装

防潮包装是最早出现，也是最常见的包装技术。食物脱水干制能延长保质期的原理是：食物中的水分含量降低之后，微生物不易生长存活。远古时期人们把捕捞来的鱼晾晒成鱼干，把吃不完的肉晒成肉干，便是基于这一常识。但干制后的食物还需要包一层膜以防食物再次从环境中吸收水气而导致变质。这就要求防潮包装材料的水汽透过率低、包装容器的密封性好。一般还会在包装内放置干燥剂（防潮包），以防食品受潮霉变。化学干燥剂譬如硫酸钙和氯化钙等，能与水结合生成水合物，从而起干燥食品的作用。而物理干燥剂如硅胶与活性氧化铝等，则通过物理吸附水进行干燥。不过，不管哪类干燥剂都不可食用，有小朋友的家庭需要特别注意这点。

## 2. 真空包装

真空包装是人们熟知的包装形式，其主要技术是对包装袋抽真空，吸出或减少包装袋内的氧气，避免脂肪氧化，还可以抑制霉菌和其他好氧微生物的繁殖。这种技术一般适合脂肪含量高而水分含量低的食品，如熟食的包装。不过真空包装不能或者很少用于生鲜食品，因为生鲜蔬果采摘之后仍然是有生命的有机体，仍然需要呼吸，需要氧气才能保鲜。还有许多食品不适宜采用真空包装而必须采用充气包装，譬如松脆易碎的食品、易结块的食品、易变形走油的食品、有尖锐棱角或硬度较高会刺破包装袋的食品等。

## 3. 充气包装

充气包装是在真空包装的基础上发展而来的，其技术要点是先用真空泵抽出容器中的空气，然后导入气体并立即密封。常用的气体有氮气、二氧化碳或两者的混合气体。向食品容器中填充气体，可以适当防止油脂氧化，并且对于金属容器而言，因为充气后容器内外的压力相当，不会发生“瘪罐”的问题。小朋友们最喜欢吃的膨化食品，如薯片、虾条、虾片等，最适合采用充气包装的形式。

## 4. 收缩包装

收缩包装是把包装食品的塑料薄膜加热，使其收缩后紧贴在食品表面，可使零散的食品紧缩成一个整体，便于运输和销售。收缩包装的用途广泛，可以包装零售的小食品，也可以包装整个托盘的货物。收缩包装采用的材料叫作定向拉伸塑料薄膜，由于薄膜在定向拉伸时会产生残余的收缩应力，当受到热空气处理或红外光照射时，薄膜面积缩小，厚度增加，紧贴在被包装的食品上，并能长期保持这种收缩状态。收缩包装一般有三个步骤。①包裹和密封：用已拉伸的薄膜将食品包裹并密封。②加热：在短时间内迅速加热到 110℃以上使薄膜收缩。③冷却：当温度降到 110℃以下时，薄膜产生收缩力，面积缩小，收缩包装完成。

## 5. 气调包装

气调包装（modified atmosphere packaging，MAP），也称为气调保鲜包装、置换气体包装或充气包装，是将一定比例的氧气、二氧化碳和氮气混合充入包装内，选用适当的塑料薄膜包装生鲜食品，使氧气和二氧化碳少量透过，在阻隔水分蒸发的同时，还能起到调节气体成分的作用，防止食品发生劣变，延长食品货架期并提升商品价值。以生鲜食品为例，水果和蔬菜在采收之后仍然是有生命的，会发生呼吸和生化作用，会从周围环境中吸进氧气，消耗自身的糖和有机酸等营养素，呼出二氧化碳并产生热能。进行气调包装后，环境中的氧气含量降低，二氧化碳的浓度提高，因而呼吸作用减缓，保鲜期延长，但呼吸作用并不会完全停止，否则将直接导致食品腐烂。目前很多存放蔬菜、水果的仓库都是气调仓库，就是应用这一原理来延长果蔬的保鲜期。用气调包装来包装肉类，是使包装袋内的氧气和二氧化碳含量增加，高浓度的二氧化碳能阻碍好氧细菌与霉菌等微生物的繁殖，从而起到防腐防霉作用，使肉类不需冷冻处理即可在冷藏温度下贮藏很多天。现在的超市大卖场几乎都能看到这种包装，这样包装零售生鲜果蔬和肉类，既清洁整齐，又能保持新鲜。

## 6. 罐头包装

罐头包装既可以说是经典的包装形式，也可以说是食品的保藏方法。据说罐头的发明源于1809年的法国，当时拿破仑东征，有士兵因吃不到新鲜的蔬果而病死。法国政府悬赏12 000法郎征求一种长期贮存食品的方法。为此，人们纷纷投入研究，经营蜜饯生意的阿贝尔夫妇竭尽全力不断地研究和实践，终于找到一个好办法：把食品装入宽口玻璃瓶，用木塞塞住瓶口，放入蒸锅加热，再将木塞塞紧，并用蜡封口，于是最早的罐头出现了。这种食品也得到了海员们的喜爱。罐头包装的原理是把食品密封在容器之中，经热水或蒸汽高温处理，杀灭容器中绝大部分微生物，同时防止外界微生物侵入，使食品能长期保藏。就材料而言，食品罐头常用的镀锡薄板和玻璃都是典型的水蒸气零透过的包装材料，而常见的塑料薄膜、纸板以及纸质、铝箔的复合材料却或多或少地都能被水蒸气透过，其透过量与薄膜厚度和特性有关。

## 7. 无菌包装

无菌包装是在罐头包装的基础上发展起来的，两者都是依靠加热杀菌使食品在密封条件下长期保藏。罐头食品是先将食品密封，然后加热杀菌和冷却；而无菌包装却是先将食品和容器分别杀菌并冷却，然后在无菌室内进行包装和密封。生活中常见的无菌包装就是那种附带麦管孔的长方形纸盒包装，即利乐包，但利乐包纸盒并不是一般的纸盒，这种纸盒是由纸层、塑料层和用作阻隔材料的铝箔复合制成的。无菌包装有四个特点：①采用超高温杀菌，加热时间仅几秒且迅速冷却，能较好地保存食品原有的营养素、色、香、味和组织状态；②通过高温瞬时杀菌，能耗比罐头包装减少 25%～50%；③冷却以后再包装，可使用不耐热、不耐压的容器，如塑料瓶、纸板等，既降低了成本又方便消费者开启；④包装设备小，生产效率高。这种包装目前只能用于流体食品，不能用于大块的水果、蔬菜、肉类等，因此应用还不够广泛。无菌包装技术发展很快，主要用途有三个方面。一是零售小包装：用金属罐，玻璃瓶，塑料罐、盒、杯、管，直立袋，纸板铝箔塑料膜复合制成的四角包、砖形包做容器，包装乳制品、软饮料、布丁等。譬如，过去牛奶在室温下只能保存一两天，而采用无菌包装后可存放六个月，因此深受消费者欢迎。二是无菌大罐保存原料半成品：在果蔬生产旺季，将番茄酱、浓缩果汁等半成品经过杀菌贮入无菌大罐，供日后加工使用；也可以把不同季节采收的果蔬原料制成汁或浆，分别贮入不同大罐，供调配成混合果汁或混合蔬菜汁使用。大罐容量一般为 30~50 吨，最大的达 400 吨；还可以应用无菌大罐的技术，用汽车罐车或铁道罐车大量运输果汁、番茄酱等，以节约运输费用。三是箱中袋：用无菌包装技术将番茄酱、浓缩果汁等高酸性食品装入塑料薄膜与铝箔复合制成的大袋中，袋外加套瓦楞纸箱，所以称箱中袋。这种包装的空袋需先经 γ 射线杀菌，作用和无菌大罐相同，国际市场上已广泛用于包装半成品。大袋的容量有 200L、220L 及 1000L 三种，其中 1000L 大袋需用木箱作外套。

## 二、脑洞大开的新颖食品包装

食品包装直接关系到食品品质、销售市场、经济效益与人们的健康。新奇独特的包装会吸引更多消费者，扩大产品的市场份额。例如，法国依云矿泉水是西欧销量最大的瓶装水，也是名牌水。该产品的包装以水滴为造型，上端为蓝色，中间是透明的玻璃，底部描绘了阿尔卑斯山脉的雪

峰，将独特的包装设计与产品内在的高品质巧妙结合，融为一体。该公司还曾推出新年限量瓶装产品，向消费者展示晚宴用水的时髦装饰，使该产品成为节日馈赠亲朋好友的时尚礼物。

又如，美国第二大奶酪制造商 Sargento 食品公司成功研制出奶酪乳品的拉链式包装。产品有 12 盎司与 16 盎司两种包装，易于保存，使用方便，提高了产品的附加值，上市后以 6% ~12%的年增长速度迅速占领市场。

再如，美国 Reieel 公司推出了一种可以延长切片苹果货架期的包装，产品在冷藏条件下货架期可达 42 天，其间色泽、口感均不变。方法是在包装前将切片苹果在含有钙与抗坏血酸的盐水中浸泡，配以奶油、糖浆，分别装在有两个格子的盘中，再覆盖防凝水的添加剂。该食品的销售对象是正吃辅食的婴儿，深受育婴家庭的欢迎。

日本近年来研制出一种加热时能避免水蒸气浸湿食物的快熟食品包装，包装材料由聚丙烯薄膜与聚乙烯薄膜、纸、铝箔多层材料合成。加热时，水蒸气先凝结在薄膜表面，之后被纸吸收，这样食物就不会被水

蒸气浸湿，从而保持了食品的原型与风味。日本还推出罐装咖啡的真空新包装，由传统金属罐的罐体、带通气孔的“防洒盖”、全开口端盖、外盖和罐底等组成，既可减少咖啡芳香气味的散发，又能防止产品氧化。“防洒盖”由线性低密度聚乙烯（LLDPE）制成，在一定压力下会与全开口端盖一起封接在金属罐上。全开口端盖周围刻有深痕，只需拉开拉环便可打开，开启方便。“防洒盖”上有通气孔，全开口端盖被打开后可调节罐内顶部空间压力，使得咖啡颗粒不易漏出。

大型跨国企业 Trebor 公司推出一种蔬菜磁性保鲜包装，该包装将充气包装技术与先进的磁性纸包装技术结合，用带有磁性纸的薄膜袋包装果蔬，先抽真空将袋内空气排除，再充入惰性气体，密封包装袋后，磁性纸能不断放射出无害的长波红外辐射，限制细菌活动的同时也能吸收少量果蔬代谢产生的乙烯气体。另一种磁性纸含有能消除气味的成分，同样能吸收大量乙烯气体。该包装采用计算机控制技术，大大延长了蔬菜的自然货架期，市场潜力巨大。

日本凸版印刷株式会社发明了一种新型啤酒、果汁、饮料纸罐包装。罐身材料由聚乙烯、纸、铝、聚酯等复合制成，罐身有一定的强度，能像传统金属罐一样供自动销售机使用，回收处理方便，可烧毁，无公害。该纸罐包装具有高度密封性与杀菌性，比铁罐和玻璃瓶轻，能进行高温充填。其包装材料中采用铝，起到保护边缘和加强防氧化的作用，常温下保质期可达 1 年以上。

法国开发了一种冷冻食品的保温袋包装。这种保温袋外表看起来与超市提供的普通塑料袋或纸袋差不多，只是更厚实。该袋分两层，外层是一般的塑料与厚纸，里层是尼龙纤维制成的绝缘层。该袋上方有严密的封口，保温原理和保温水瓶类似。保温时间有 2 小时、3 小时、4 小时等可选，温度有 -4℃、0℃、10℃等可选。还有手提旅行包式的保温袋包装，可装十几公斤冷冻食品，保温时间更长。这种保温袋给消费者提供了极大的便利，对超市出售冷冻或速冻食品十分有利。法国还推出一种双层叠加膜的肉类包装袋，其外层是具有特殊结构和性能的高密度聚乙烯薄膜，内层是可食用纸。叠加后的双层膜无毒性，呈半透明状，厚度仅 12μm。该包装主要解决了肉类食品用普通包装会浸透出血水的问题，并且使用该包装后肉质表面不会发硬，能保持肉类食品原有的色、香、味。

## 绿色链接

市面上的食品包装目前大体分成两种形式：抛弃式与可回收式。可回收的瓶瓶罐罐包括玻璃瓶罐、PET 瓶（宝特瓶）、铁罐或陶瓷罐，都可以二次利用。抛弃式的包装并不环保，例如，大部分的塑料袋很难降解，而纸袋又很难保存，所以瑞典的设计工作室 Tomorrow Machine 利用智能材料，巧妙地设计出一系列未来食品包装，不仅对生态毫无危害，还可以通过包装的毁坏情况辨识内容物的新鲜程度。这个系列构想共有三款：

（1）用涂上蜂蜡的焦糖做容器来包装橄榄油，蜂蜡可以有效防止液体漏出。实验证明，加热到100℃与170℃的焦糖包装会呈现不同的颜色，刚好可以用于区分不同种类的油品，而焦糖本身不溶于油，打开时只要像敲鸡蛋壳那样打破，就可以轻松取出橄榄油。

（2）利用洋菜胶来包装水果冰沙，洋菜胶半透明的特性能让水果冰沙的颜色和性状透显出来，可以帮助消费者辨识产品；如果制作时加入洋菜粉的水较少，则会呈现出比较粗糙的质感，就又变成了另一种新颖的包装形式。实验发现，一般室温下，洋菜胶摆放一个月后会逐渐萎缩，所以这种包装形式也是非常环保的。

（3）用蜂蜡包装印度香米，这种包装外观呈现山形，既可以染色也可以使用原色，撕开包装的感觉就像撕开一层薄薄的果皮，这种包装材料的熔点约在60℃，手温或厨房温度升高都不会使包装融化。

该系列设计采用自然的理念，包装材料也都是天然材质，连包装本身都有保存期限。对于那些希望减少家庭垃圾的人来说，真是一系列不错的创意。

# 第二章
# 食品包装材料的大学问

## 一、塑料包装材料的是与非

食品包装的主要目的是保持食品质量和卫生，不损失其原始成分和营养，方便储运，促进销售，延长货架期和提高商品价值。在食品工业高度发达的今天，食品包装已形成集先进技术、材料、设备为一体的完整的工业体系，在食品加工、运输、销售及家庭使用中占有重要的位置。

现代包装技术和材料可大大延长食品的保质期，保持食品的新鲜度，提高食品的美观性和商品价值。但是，由于使用了种类繁多的包装材料，如玻璃、陶瓷、搪瓷、金属、纸、橡胶及塑料等，在一定程

度上也增加了食品的不安全因素。如果包装材料直接和食物接触，有很多材料成分可迁移到食品中。这种现象在各种包装材料中均可发生，并可能造成不良后果。意大利蒙特利亚市用陶罐盛放苹果汁造成婴儿中毒，检测后发现苹果汁中铅含量超过了安全限量。这是由于陶罐表面釉料中所含的铅被溶出，随食物进入人体而造成的。塑料、橡胶等高分子包装容器在加工中残留的单体物质、添加剂及裂解物等也会迁移进入食品中，造成食品污染。

对于食品包装材料及容器的基本要求，除了要适应耐冷冻、耐高温、耐油脂、防渗漏、抗酸碱、防潮、保香、保色、保味等性能外，特别要注意与食品直接接触的容器、包装材料的安全性，即不能向食品释放有害物质，不与食品中的营养成分发生反应。食品包装过程中的化学物质污染食品的问题越来越受到人们的关注，并已成为很多国家研究的热点。我国自 1975 年开始，就对食品容器、包装材料进行了大量的调查研究，并制定了各种卫生标准和管理办法，在消除食品容器、包装材料对食品的污染及保障大众健康方面起到积极的作用。

## 案例

双酚 A，又称 BPA，简称二酚基丙烷，是多种塑料在加工中使用的催化剂。每年，全世界生产 2700 万吨含有 BPA 的塑料。过去曾大量应用于生活塑料制品中，包括饮用水瓶、婴儿奶瓶等。但研究人员发现，BPA 可能导致内

分泌失调，威胁胎儿和儿童的健康。癌症和新陈代谢紊乱导致的肥胖也被认为与此有关。欧盟认为含 BPA 的奶瓶会诱发性早熟，从 2011 年 3 月 2 日起，禁止生产含化学物质 BPA 的婴儿奶瓶。2011 年 5 月 30 日，中国卫生部等 6 部门对外发布公告称，鉴于婴幼儿属于敏感人群，为防范食品安全风险，保护婴幼儿健康，禁止 BPA 用于婴幼儿奶瓶。

## （一）塑料包装材料的优越性

由于重量轻、物流方便、化学稳定性好、易于加工、装饰效果好以及对食品具有良好的保护作用等特点，塑料受到了食品包装业的青睐。化学稳定性好是塑料包装的优点，它对一般的酸、碱、盐等介质均有良好的抗耐能力，足以抗耐来自内容物和外部环境的水、氧气、二氧化碳及各种化学介质的腐蚀，这一点较之金属有很强的优势。许多塑料包装材料光学性能优良，具有良好的透明性，从塑料容器外部可以清楚地看清内容物，能起到良好的展示、促销效果。从价格上考虑，塑料便宜且制作工艺简单，适合大规模使用。用塑料包装的食品轻便易带，物流方便，所以它是近 30 年来世界上发展最快的包装材料之一。塑料包装材料可以用于生产生活中各种用品的包装，在日常生活和工业生产中被广泛应用。

## （二）塑料包装材料的潜在风险

食品用塑料包装材料是以树脂为基础，加入适量的填充剂、增塑剂、稳定剂、抗氧剂等助剂制成的一种高分子材料。大多数树脂是无毒的，但是在加工过程中它们的单体分子及所添加的多种助剂却具有一定的潜在危害。

塑料包装材料中有害物质的主要来源有：树脂中残留的有毒单体、裂解产物及老化产生的有毒物质；塑料制品在制造过程中添加的稳定剂、增塑剂、着色剂等添加剂带来的毒性；塑料包装容器表面的微生物及微尘杂质污染；塑料回收料再利用时附着的一些污染物和添加的色素；等等。例如，有一种塑料薄膜为聚氯乙烯制成，聚氯乙烯本身无毒性，但其加工中的助剂往往是对人体有害的物质，所以不宜用来盛装和裹包食品。

## 绿色链接

一次性难降解的塑料包装物对环境造成的污染称为“白色污染”，“白色污染”的主要危害在于“视觉污染”和“潜在危害”。“视觉污染”指在城市、旅游区、水体和道路旁散落的废旧塑料包装物给人们的视觉带来不良刺激，影响城市、风景点的整体美感，破坏市容、景观。“潜在危害”指废旧塑料包装物进入环境后，由于其很难降解，造成长期的、深层次的生态环境问题。首先，废旧塑料包装物混在土壤中，影响农作物吸收养分和水分，导致农作物减产；第二，抛弃在陆地或水体中的废旧塑料包装物，被动物当作食物吞入，导致动物死亡（在动物园、牧区和海洋中，此类情况屡见不鲜）；第三，混入生活垃圾中的废旧塑料包装物很难处理：填埋处理将会长期占用土地，混有塑料的生活垃圾不适用于堆肥处理，分拣出来的废旧塑料也因无法保证质量而难以回收利用。过去，人们反映强烈的主要是“视觉污染”问题，而对于废旧塑料包装物长期的、深层次的“潜在危害”，大多数人还缺乏认识。

# 二、食品包装用纸的是与非

## 案例

2013 年，肯德基的“全家桶”套餐纸桶曾被爆出含有荧光增白剂，而后再次爆出其纸巾中也含有该物质。2012 年 5—7 月，国际食品包装协会对北京、上海、辽宁、浙江、广东等省市的超市、农贸市场及部分生产企业的一次性快餐盒、生鲜托盘、豆腐盒、塑料杯等九类百余种产品进行了大范围调查，调查结果显示，包括统一、今麦郎、五谷道场、香飘飘等在内的国内多个知名品牌样品包装纸桶或纸杯外层均被检测出荧光性物质超标。荧光增白剂是一种荧光染料，也是一种复杂的有机化合物。它的特性是能激发入射光线产生荧光，使所染物质获得类似萤石般的闪闪发光的效应，使肉眼看到的物质变白。所以荧光增白剂在造纸行业中被广泛应用，有些企业也采用荧光增白剂来达到提高餐巾纸白度的效果。近几年人们发现荧光增白剂可能有致癌作用，对人体健康有害，所以在造纸行业中禁止使用荧光增白剂制造食品包装纸和餐巾纸等。

## （一）食品包装纸的优势

纸是一种古老而传统的食品包装材料。包装纸的原材料竹、木等是可以采伐并能够再生的植物，其他原料芦苇、蔗渣、棉秆、麦秸等也是废弃物或者可再培育、重复利用的资源。包装纸材料与塑料等其他包装材料相比，在资源利用方面更具优势，塑料包装最终消耗的是石油，而石油是不可再生资源。纸包装制品不但可以重复利用，还有许多纸包装制品本身就是用回收的废纸纤维制成的；废弃的纸包装制品可以造肥，还可以降解，几个月的时间内就会在大自然的阳光、湿气及氧气作用下分解成水、二氧化碳及几种无机物。在全球异常关注我们赖以生存的地球和环境的今天，包装纸与塑料、金属、玻璃三大包装材料相比，被认为是最具环保优势、最有前途的“绿色包装”材料。

包装用纸具有良好的弹性和韧性，可以对内容物提供良好的保护作用；纸不受热和光的影响，特别适合于那些想要得到自然感观的产品；包装纸的不透明性，对那些对光敏感或者颜色不鲜亮的产品来说非常有用。纸包装制品还具有良好的适印性，通过印刷可以使其具有独一无二的漂亮外观，是最吸引人们眼球的一大亮点；而且纸包装制品的优质轻量化和品种多样化使物流费用的降低成为现实。总之，纸包装制品的市场优势非常明显。纸类包装材料的机械加工性能好，可以给包装机提供极好的机械化生产条件。纸易加工成型，用包装机切割时不存在任何问题。此外，各种不同的包装纸，根据其不同的使用要求，可以提供一个完整的印刷范围，从胶印、凹印到柔印等；纸类包装材料还具有良好的透气性、柔软性、强度和可控制的撕裂性能，无毒、无污染，使用时非常容易打开。用于食品包装的纸还要求卫生、无菌、无污染杂质、抗油和符合食品包装安全要求。食品包装用纸种类很多，包括原纸、托蜡纸、玻璃纸、锡纸、彩色纸、防霉纸、纸杯、纸盒、纸箱等。

## （二）食品包装纸的潜在风险

纯净的纸是无毒、无害的，但由于原材料受到污染或经过加工处理，纸中通常会含有一些杂质、细菌和某些化学残留物，从而影响包装食品的安全性。食品包装纸中有害物质的主要来源有如下几方面。

（1）造纸原料中的污染物。如棉浆、草浆和废纸等不清洁，残留农药及重金属等化学物质。

（2）造纸过程中的添加剂残留。如硫酸铝、纯碱、亚硫酸钠、次氯酸钠、松香、滑石粉、防霉剂等。

（3）包装纸在涂蜡、荧光增白处理过程中，使其含有较多的多环芳烃化合物和荧光增白化学污染物。

（4）彩色颜料污染。如生产糖果使用的彩色包装纸，涂彩层接触糖果可能会造成污染。

（5）成品纸表面的微生物及微尘杂质污染。

食品包装材料在与食品接触的过程中，其组分或成分（包括各种添加剂）在使用条件下可能会少量地迁移到食品中。这些迁移物中如果含有某些有毒有害成分，则会对人体健康造成潜在危害。食品包装纸的安全问题与纸浆、添加剂、油墨等有关。作物在生长过程中使用的农药、化肥等，会在稻草、麦秆等纸浆原料中残留。有的工厂还会在纸浆原料中掺入一定比例的社会回收纸，虽然回收纸经脱色可将油墨脱去，但铅、锡等物质仍会留在纸浆中。另外，在纸的加工过程中常加入大量的清洁剂、涂料以及其他改良剂等，这些物质残留也会对食品造成污染。为了使纸增白，往往在纸的加工过程中添加荧光增白剂；制作托蜡纸（浸蜡包装纸）需要用石蜡处理，石蜡中常含有多氯联苯；制作玻璃纸需要用甘油、尿素等进行软化，用二硫化碳脱硫漂白处理等。上述处理过程往往含有致癌物质，这些物质残留迁移到食品中，可能对人体造成危害。

目前我国还没有普及食品包装印刷专用油墨，一般工业印刷用油墨所用颜料及溶剂等缺乏具体的卫生要求。油墨中含有铅、锡等有害元素及甲苯、二甲苯及多氯联苯等挥发性物质，这些物质与食品接触，会对食品造成污染。另外，造纸、印刷机械设备的污染，纸包装材料及其制品中微生物的污染，也是一个值得注意的问题。

## 绿色链接

纸质包装在环境保护方面有巨大的优势，但只有合理选用纸张，合理设计包装，才能起到低碳环保的作用。包装用纸是主要用于包装目的的一类纸的统称，通常有高的强度和韧性，能耐压、耐折，质量要求比文化印刷用纸等纸种简单。

通用包装纸：一般功能的包装用原纸和纸板，通常会做成纸箱、隔板、纸袋和纸盒，有纸袋纸、牛皮纸、鸡皮纸、条纹牛皮纸、牛皮卡纸、衬纸、箱板纸、瓦楞纸、蜂窝纸板等。

特殊包装纸：针对各种环境具有特殊功能的包装纸，有防油包装纸、防潮包装纸、防锈纸等。

食品包装纸：食品、饮料等领域“打包”用的包装纸，有食品羊皮纸、糖果包装原纸等。

油墨作为印刷材料，当它用于食品包装时，必须遵守无转移的原则。食品包装不得使用常规油墨，承印厂商必须确保印刷后油墨中的溶剂全部挥发，油墨固化彻底，并达到食品行业的相应标准。在绿色环保已经成为印刷领域主题的今天，印刷油墨必须适应时代的发展，向着无苯化、环保化的方向发展。可食性油墨在国外已经显露头脚，许多科研机构和有实力的公司都推出了更为成熟的油墨配方和应用设备，并在许多食品公司得到了成功的应用。日本的东洋油墨公司研制出的可食性油墨，已经在市场上投入使用；宝洁公司将自己生产的可食性油墨印刷于品客薯片的表面，取得了较好的市场效果；美国的 Spectra 公司推出的 melinfc 和 apollojetxpress4/256fg 食品成像系统，利用可食性油墨在食品表面进行数字喷印，颜色鲜艳，性能高效；另外，日本印制机生产企业玛斯塔玛英德公司成功开发生产出一种使用可食性油墨在食品表面直接印刷的可食性油墨印刷机。国内在可食性油墨方面的研究报道较少，研究技术也不够成熟，而且价格昂贵，均价都在 1000 元 /kg 以上，不适合大量印刷。

# 三、玻璃包装的是与非

## （一）玻璃包装的优势

玻璃包装材料是指用于制造玻璃容器，满足玻璃包装要求所使用的材料。玻璃包装是将熔融的玻璃料经吹制、模具成型制成的一种透明容器，是食品、医药、化学工业的主要包装容器。玻璃的化学稳定性好；玻璃瓶易于密封，气密性好又透明，可以从外面观察到内容物的情况；玻璃罐的贮存性能好，表面光洁，便于消毒灭菌；玻璃有一定的机械强度，能够承受瓶内压力与运输过程中的外力作用；玻璃容器的造型美观，装饰丰富多彩；玻璃原料分布广，具有原料价格低廉等优势。具体而言，玻璃包装的优势如下：

（1）玻璃材料具有良好的阻隔性能，可以很好地阻止氧气等气体对内容物的侵袭，同时可以阻止内容物可挥发性成分的挥发；

（2）玻璃瓶可以反复多次使用，降低包装成本；

（3）玻璃能够较容易地进行颜色和透明度的改变；

（4）玻璃瓶安全卫生，有良好的耐腐蚀能力和耐酸蚀能力，适合用于酸性物质（如果蔬汁饮料等）和酒精饮料的包装。

## （二）玻璃包装的潜在风险

生活中常见的无机包装材料包括金属、玻璃、搪瓷和陶瓷等。这些材料的潜在风险在于，如果材料中所含的有害元素溶出而直接与食品接触或者材料本身与食品发生化学反应，就会对食品造成污染。玻璃是一种具有化学稳定性的材料，一般不会产生有害物质，相对来说安全系数较高。但是，如果在玻璃生产加工过程中出现污染，有毒有害物质渗入玻璃材料，人体食用了使用这样的玻璃盛装的食物就会出现中毒或者身体不适的情况。有些玻璃胶固化时还会生成副产物，会有气味，但不会造成大的危害。

玻璃是以硅酸盐、碱性成分、金属氧化物等为原料，在1000℃ ~1500℃高温下熔融而成的固体物质。普通玻璃杯含铅较少，水晶玻璃杯分为无铅、中铅和高铅 3 种。中铅玻璃杯的氧化铅含量*达到 24%；高铅玻璃杯的氧化铅含量达到 36%。为什么要在玻璃中添加铅呢？因为铅可使玻璃具备许多特殊的性能，如良好的光学性、可加工性、防辐射性等。加入铅可以提高玻璃的折射率和色散度，在仿制宝石时可以使得效果更逼真。普通玻璃的成分是二氧化硅（$SiO_2$）。水晶即高铅玻璃，或被称为铅晶质玻璃，即在普通玻璃中加入 24%的氧化铅（PbO），这时的水晶物理化学性能最好，与普通玻璃相比，密度大，手感沉重，折射率大，能透射出光谱的五颜六色，透光率高达 90%以上，且硬度高，耐磨。如何辨别玻璃制品中是否含铅呢？价格肯定是一个筛

* 本书中，若无特别说明，含量一般指质量分数。

选指标。市上流通的无铅水晶玻璃一般含钾，多为高档工艺品并在外包装上有标识。含铅玻璃杯即是在一些超市和市场上常见的水晶玻璃器皿，其氧化铅的含量可达 24%。在日常生活中，若用含铅的人造水晶杯盛放酒类、可乐、蜂蜜和果汁等酸性饮料或其他酸性食物时，铅离子可能形成可溶性的铅盐随饮料或食物被人体摄入，严重危害健康。很多人都知道铅会以游离态或无机化合物等形态透过血脑屏障，对血管丰富的中枢神经系统——海马回和大脑皮层产生危害。当血铅质量浓度达到 30μg/L 时，就会出现全身乏力、头晕、头痛、贫血、记忆力下降、肌肉关节酸痛、便秘、女性月经不调等神经毒性反应。动脉硬化、消化道溃疡和眼底出血等症状也与铅污染有关。在高血铅水平时，患者口中会有金属味，患者血管内的水分渗透入脑间质会引发脑水肿，并出现脑出血、脱髓鞘病变等病理变化。当长期摄入铅及其化合物时，过量的铅还会沉积在骨骼中，埋下骨折的隐患。然而，早期的铅中毒常常不易被发现，尤其是长期使用含铅玻璃器皿饮用酸性饮料，长期积累以致慢性中毒时，却因无明显的铅接触史而被误诊。因此，人们在日常生活中应该避免购买高铅水晶玻璃杯，或者避免使用含铅的玻璃器皿盛放酸性饮料或食品。尽量使用无铅玻璃器皿作为酒杯和厨用器皿，这样更安全可靠。

## 绿色链接

为了与纸制品容器、塑料瓶等新型包装材料竞争，发达国家的玻璃瓶罐生产企业一直致力于使产品质量更可靠、外观更美观、成本更低、售价更廉。为了实现这些目标，国外玻璃包装工业的发展趋势主要表现在以下几方面：一是采用先进的节能技术，节约能源，提高熔化质量，延长窑炉使用寿命。节能的另一个途径是加大碎玻璃的用量，国外的碎玻璃加入量达到60%~70%。理想的状态是采用100%的碎玻璃，实现生产“生态”玻璃的目标。二是瓶罐轻量化，在欧美日等发达国家，轻量瓶已是玻璃瓶罐的主导产品。目前流行的塑料薄膜套标，也有利于玻璃瓶罐的轻量化。

# 第三章

# 蕴含关键信息的营养标签

## 案例

我国从2013年1月1日起正式实施《食品安全国家标准　预包装食品营养标签通则》（GB28050—2011，以下简称《通则》），这是我国第一个强制执行的食品营养标签国家标准。即从2013年1月起，除保健食品和特殊膳食用食品外，消费者在购买食品时，不但可以通过比较生产日期、净含量、配料等进行挑选，还可以对比同类产品的营养价值，按照自身的需要作出更健康的选择。同时，各种营养成分的含量占每日所需营养素参考值（NRV）的百分比也要求在营养标签中标明。人们可根据营养素参考值科学地调节饮食。

## 一、看懂标签好处多

炎热的盛夏，在喝下一瓶可乐的同时，你知道自己摄入了多少糖和能量吗？在超市选购一盒牛奶或者豆奶，你会比较哪个牌子的蛋白质含量更高吗？为了保持苗条身材而只吃一包饼干果腹，你可知道这包不起眼的饼干的能量和脂肪可能比一顿饭还高得多吗？……那么，如何选购真正适合自己和家人的健康食品呢？首先，要从了解食品营养标签入手。

食品营养标签是指在各种加工食品外包装上描述其热量和营养素含量的标志。食品营养标签表达了某个食品的基本营养特性和营养信息，是消费者了解该食品的营养组分和特征的来源，也是保证消费者的知情权，引导和促进健康消费的重要途径。规范的食品营养标签必须包括营养成分表、营养声称和营养成分功能声称。

## （一）营养成分表

食品营养标签必须标示营养成分表，这个表里至少应该包含以下6种要素。

营养成分表

| 项目 | 每100克 | 营养素参考值% |
| --- | --- | --- |
| 能量 | 2269千焦 | 27% |
| 蛋白质 | 8.0克 | 13% |
| 脂肪 | 31.6克 | 53% |
| 反式脂肪酸 | 0克 | |
| 碳水化合物 | 56.7克 | 19% |
| 钠 | 200毫克 | 10% |

（1）能量；

（2）蛋白质；

（3）脂肪（饱和脂肪酸，不饱和脂肪酸）；

（4）碳水化合物；

（5）钠；

（6）营养素参考值（NRV%）。

这6个要素中的前5个相对比较好理解，最后一个营养素参考值（NRV%）是专用于食品营养标签的，是比较食品营养成分含量多少的参考标准。不少消费者不明白NRV%值的含义，也不关注这个信息。

中国食品标签营养素参考值（nutrient reference values，NRV）是食品营养标签上比较食品营养素含量多少的参考标准，是消费者选择食品时的一种营养参照尺度。NRV是依据我国居民膳食营养素推荐摄入量（RNI）和适宜摄入量（AI）而制定的，使用NRV的目的和方式是用于比较和描述能量或营养成分含量的多少，在对食品进行营养声称和零数值的标示时，用作标准参考数值。NRV仅适用于食品营养标签的标示，但4岁以下的儿童食品和专用于孕妇的食品除外。NRV标示的计算举例如下：

在食品营养标签上，以营养素含量占NRV的百分比标示，指定其修约间隔为1。计算公式为：$X/NRV \times 100\% = Y\%$

式中：$X$= 食品中某营养素的含量；

NRV= 该营养素的营养素参考值（查“食品标签营养素参考值表”可得）；

$Y$%= 计算结果。

例如，经测定或计算，得知 100g 某种饼干中含有：1823kJ 能量，9.0g 蛋白质，12.7g 脂肪，70.6g 碳水化合物，204mg 钠，72μgRE 维生素 A，0.09mg 维生素 $B_1$。

参照中国食品标签营养素参考值表中各营养素的 NRV 数值，根据公式计算结果，并按修约间隔取整数。这种饼干的营养成分可表示为如下表格。

| 项目 | 每 100g | NRV% |
|---|---|---|
| 能量 | 1823kJ | 22% |
| 蛋白质 | 9.0g | 15% |
| 脂肪 | 12.7g | 21% |
| 碳水化合物 | 70.6g | 24% |
| 钠 | 204mg | 10% |
| 维生素 A | 72μgRE | 9% |
| 维生素 $B_1$ | 0.09mg | 6% |

附：中国食品标签营养素参考值表

| 营养成分 | NRV | 营养成分 | NRV |
|---|---|---|---|
| 能量 | 8400kJ | 叶酸 | 400μgDFE |
| 蛋白质 | 60g | 泛酸 | 5mg |
| 脂肪 | ≤ 60g | 生物素 | 30μg |
| 饱和脂肪酸 | ≤ 20g | 胆碱 | 450mg |
| 胆固醇 | ≤ 300mg | 钙 | 800mg |
| 碳水化合物胆固醇 | 300g | 磷 | 700mg |
| 膳食纤维 | 25g | 钾 | 2000mg |
| 维生素A | 800μgRE | 钠 | 2000mg |
| 维生素D | 5μg | 镁 | 15mg |
| 维生素E | 14mgα-TE | 铁 | 15mg |
| 维生素K | 80μg | 锌 | 15mg |
| 维生素$B_1$ | 1.4mg | 碘 | 150μg |
| 维生素$B_2$ | 1.4mg | 硒 | 50μg |
| 维生素$B_6$ | 1.4mg | 铜 | 1.5mg |
| 维生素$B_{12}$ | 2.4μg | 氟 | 1mg |
| 维生素C | 100mg | 锰 | 3mg |
| 烟酸 | 14mg | | |

注：表中数值经中国营养学会第六届六次常务理事会通过并发布。

## （二）营养声称

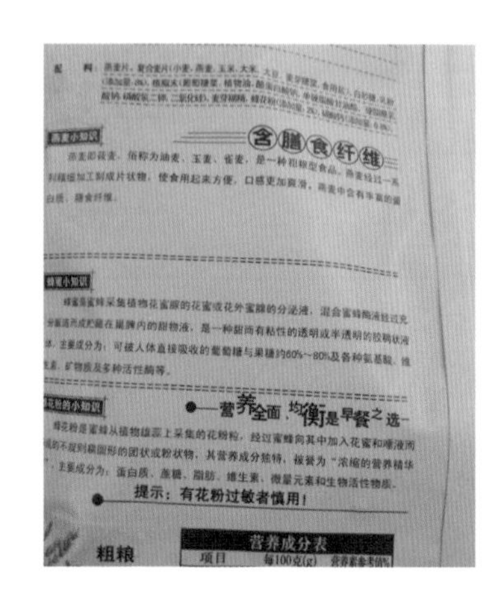


营养声称包括以下两点。

（1）营养素含量声称。指能量或者某营养素含量“高”“富含”“低”“无”等的声称。

（2）含量比较声称。指能量或者某营养素与基准食物或者参考数值相比“减少”或“增多”的声称。

## （三）营养成分功能声称

营养成分功能声称是指某营养成分可以为人体正常生长、发育和正常生理功能等产生作用的声称。

随着食品标签相关法律法规的不断完善，消费者看懂营养标签才是保障自己权利的不二法门。那么，食品营养标签上的信息应当如何辨别呢？不妨按以下 8 点逐一细看。

（1）看清食品类别，明白产品到底是什么。

市面上的食品琳琅满目，包装和商品名称也是花样繁出，有时消费者拿起一个

面身营养成分含量

| | 每100克面身(平均含量) | 每40克面身(平均含量) |
|---|---|---|
| 人类能量的主要来源 | | |
| 化合物(克/g) | 72.0 | 28.8 |
| (克/g) | ≤1.5 | ≤0.6 |
| 织形成和生长的主要营养素 | | |
| 质(克/g) | 11.0 | 4.4 |

配料表

面身：小麦粉、西兰花粉、
营养伴侣：
葡萄糖、麦芽糊精、酵母抽
质(碳酸钙、焦磷酸铁、硫酸
(维生素A、维生素$B_1$、维生
$B_6$、维生素$B_{12}$、维生素C、维
生素E、烟酰胺、叶酸)

身与营养伴侣营养成分含量

| | 每100克面身搭配2.5克营养伴侣(平均含量) | 每40克面身搭配1克营养伴侣(平均含量) |
|---|---|---|
| 助于骨骼和牙齿的发育健康 | | |
| 克/mg) | 50 | 20 |
| 素C(毫克/mg) | 18.0 | 7.2 |
| 素$D_3$(微克/μg) | 3.0 | 1.2 |
| 助于维持暗视力和皮肤的健康 | | |
| 素A(微克当量/μgRE) | 240 | 96 |
| 有助于血红细胞的形成 | | |
| 克/mg) | 8.0 | 3.2 |
| 素$B_{12}$(微克/μg) | 0.5 | 0.2 |
| (微克膳食叶酸gDFE) | 80 | 32 |

| 有助于改善食欲 | |
|---|---|
| 锌(毫克/mg) | 3.00 |
| 有助于维持神经系统 | |
| 维生素$B_1$(毫克/mg) | 0.30 |
| 烟酰胺(毫克/mg) | 3.40 |
| 其它营养成分 | |
| 能量(千焦/KJ) | 1450 |
| 维生素$B_2$(毫克/mg) | 0.30 |
| 维生素$B_6$(毫克/mg) | 0.30 |
| 维生素E(毫克α-生育酚当量mgα-TE) | 6.00 |

食品竟然弄不清到底是个什么产品。食品包装上的标签要标明食品的类别，类别的名称必须是国家许可的规范名称，要能反映出食品本质。譬如，看到一盒饮料上写着“咖啡奶”，那它究竟是一种饮料还是一种乳制品呢？如果标签上的“食品类别”项目注明“调味牛奶”，那就是在牛奶当中加了咖啡、糖等配料，产品主体是牛奶。如果在“食品类别”项目写了“乳饮料”，那就是以水为主体的饮料（在水里面加了糖、增稠剂、咖啡和少量牛奶）。当我们看到一个盛装液体的瓶子上画着漂亮的水果时就不禁要想：这是一瓶纯果汁还是果味饮料？这就要看产品类别。如果写的是“100%纯果汁”，那就说明没有加水。如果是“果汁饮料/饮品”，那就是说，大部分都是水，只有少量纯果汁。所谓饮料，就是以水为主体的液体食品，无论看起来如何，都是在大量的水里加了少许天然产物，主要靠糖、香精、磷酸盐、增稠剂、乳化剂等添加剂，使产品口味和质地更加诱人。总之，无论商品包装或者名称如何花哨模糊，只要细看标签上的食品类别，就能明白真相。

（2）看清配料表，含量高的原料排在前面。

食品的营养品质取决于原料及其所占的比例。按相关法规要求，含量最高的原料应当排在第一位，最低的原料应该排在最后一位。譬如，某麦片产品的配料表上写着“米粉、蔗糖、麦芽糊精、燕麦、核桃……”，说明其中的米粉含量最高，蔗糖次之，而燕麦和核桃都较少，由此可知其营养价值。如果产品的配料表上写着“燕麦、米粉、核桃、麦芽糊精、蔗糖……”，其营养品质应当会好得多。又如，买了一瓶看起来像牛奶的饮料，不妨看看产品的配料表。配料表中内容越复杂，这个产品离牛奶就越远。并且，不认识的配料成分越多，说明非天然的添加剂越多。如果饮料产品包装上印有“原果汁含量> 10%”“牛奶含量> 30%”等字样，就是标明其中有多大比例是天然原料。对许多饮料而言，其配料主要就是水和食品添加剂。

**配料**

**燕麦（添加量：36%）、白砂糖、复合麦片（含小麦，大麦，大豆）、复合蛋白配方粉（麦芽糖浆、植物油、大豆蛋白、白砂糖、磷酸氢二钾、单双甘油脂肪酸酯、磷脂（含大豆）、双乙酰酒石酸单双甘油酯、黄原胶、全脂乳粉、三聚磷酸钠、二氧化硅、食用香料）、脱脂乳粉（添加量：7%）、碳酸钙、食用香精（含鸡蛋）。**

**致敏原信息：含有燕麦，小麦，大麦，大豆，牛奶和鸡蛋。**
**奶精（植脂末）添加量为0。**

（3）看清食品添加剂，排名不分先后。

当前，我国对食品添加成分标注的要求越来越严格。按照国家标准，食品中使用的所有食品添加剂都要在食品配料表中注明。有时我们会在标签上看到“食品添加剂：”或“食品添加剂（ ）”的字样，冒号后面或括号里面的内容，就是具体的食品添加剂，通常排名不分先后。按照规定，食品添加剂不能简单地用“色素”或者“甜味剂”这样模糊的名称来标注，而必须注明其具体名称。这样消费者经常会在配料表中看到一些自己完全没有概念的名称，比如“柠檬黄”“胭脂红”，比如“阿斯巴甜”“甜蜜素”等。实际上，这些物质中，名称和颜色有关的往往是色素，和甜味有关的往往是甜味剂，名称里有“酸”字眼的往往是酸味剂……如果留心的话，看得多了就会慢慢对常用的食品添加剂熟悉起来。

（4）看清营养成分表，小心被误导。

越来越多的消费者开始关注食品的营养素含量，即使对以口感风味著称的食品，也会留意其所含的热量、脂肪和钠等含量指标。按照我国食品标签相关法规，2013 年 1 月 1 日以后出厂的每一种产品都必须注明 5 个基本营养数据，包括食品中所含的能量（热量）、蛋白质、脂肪、碳水化合物和钠的含量，以及这些含量占一日营养素参考值（NRV）的比例。其实，食品包装上的营养成分表是食品标签中最不易看懂的部分，需要有一定的营养知识

营养成分表

| 项目 | 每100g | NRV% |
|---|---|---|
| 能量 | 2400kJ | 29% |
| 蛋白质 | 24.0g | 40% |
| 脂肪 | 36.8g | 61% |
| 碳水化合物 | 33.0g | 11% |
| 钠 | 60mg | 3% |

基础，但它对普通消费者却非常有用。这里简单介绍用营养成分表选购食品的诀窍。例如，我们要购买豆浆粉，看清营养成分表可以帮助我们获取蛋白质含量和其他营养成分的信息。通常蛋白质含量标识越高的产品，表示其中大豆蛋白越多，也就越有营养。因此我们一般认为，100g 中含有 20g 蛋白质的产品会优于 100g 中含有 15g 蛋白质的产品。又如，购买饼干、蛋糕之类的

烘焙食品时，如果正值控制体重期间，就要看清楚其中含有多少能量、多少脂肪。如果一个食品的脂肪含量特别高，比如 100g 中含有 35g 脂肪，那么它的能量一定也特别高。再看看“NRV%”这一栏，如果能量的数值较高，就说明在吃同样数量的这类食品时，这种食品更容易让人发胖。假设 A 产品 100g 所含的能量占 NRV 的比例是 15%，B 产品是 20%，那么吃同样的数量时，显然 B 产品更容易让人发胖。不过，有些商家知道自己产品的营养成分表数据“难看”，就会想方设法地“乔装打扮”表中的数据，使其看上去“很美”，这也是营养成分表常见的“猫腻”之一。譬如，在购买饮料时要仔细看清营养成分表是按每 100mL 的量来计算，还是按照一瓶（500mL 左右）或自己随便定的数量（比如 240mL）来计算的。有时候，由于其中所含能量（糖）太高，商家就选择用 100mL 中所含的数值来做营养成分表，消费者乍一看，会以

为其中所含能量并不高而上当。另一典型案例就是薯片。它往往是按“一份”来标注营养素数据的，而一份到底是30g，还是45g或55g，那就要看包装规格了。消费者乍一看薯片的营养成分表，会觉得其中脂肪和钠的含量并不高，细看才发现原来这是30g中的含量，如果换算成标准的100g的话，那可是三倍多啊！这样是不是很容易误导人呢？

（5）看清产品重量，是净含量还是固形物含量。

有些食品可能看起来比较便宜，但如果按净含量来算的话，很可能会比其他同类产品贵得多。例如，一种面包的净含量写着120g，而另一种面包写着160g，两者体积看起来差不多大，价格也一样。实际上，前者可能只是面团发酵得更为蓬松，口感也许更好一些，但从营养总量来说，显然后者更为合算。

（6）看清生产日期和保质期。

很多人不清楚保质期、保存期和货架期的区别。保质期指保有产品出厂时具备的应有品质的时间。保存期或最后食用期限则表示过了这个日期，便不能保障食用的安全性。货架期则是指食品贮藏在被推荐的条件下，能够确保安全和理想的感官、理化和微生物特性，保留标签声明的任何营养值的一段时间。在货架期内，食品完全适于销售，并符合标签上或产品标准中所规定的品质；超过货架期，在一定时间内食品仍然是可以食用的。选购食品时一定要关注保质期和生产日期，因为即使在保质期内也应当选购距离生产日期更近的商品。虽然没有过期意味着食物仍具有安全性和口感，但随着时间的延长，其中的营养成分或功效成分会有不同程度的降低。例如，某种酸奶的保质期是14天，但实际上即便在冰箱中储藏，其中的乳酸菌活菌数量也在不断降低，所以最好选购距离生产日期最近的酸奶。标签上标注的保存条件也是极为重要的信息。譬如瓶装牛奶或豆制品，包装上标明“4℃ ~6℃下能储藏5天”，但若在室温（25℃）下存放可能一天就坏掉了。所以，消费者必须依照食品包装上的储藏条件说明，合理贮藏。

（7）看清认证标志和产地信息。

食品的包装上一般都印有各种质量认证标志，如有机食品标志、绿色食品标志、无公害食品标志、原产地标志、ISO 认证标志、QS 标志等。QS 标志过去是所有食品的市场准入标志，没有该标志的食品就不能公开销售，但从 2018 年 10 月 1 日起，“QS”标志将逐渐隐退，被由“SC”与 14 位阿拉伯数字组成的“食品生产许可证编号”所取代。有机标志、绿色和无公害标志代表着产品的安全品质符合相关标准，特别是在农药残留方面有一定优势，但不代表其营养品质一定更好。原产地标志代表产品出自最佳产地，能达到这个产地所出产的知名农产品的应有品质。ISO 认证标志代表着生产企业的管理质量，表明对生产过程的控制和管理能力较强，有利于预防生产事故和不合格产品的出现，但与营养价值没有关系。本书第四章会详细介绍各种认证标志的图形和具体意义。一般来说，在其他指标相同的情况下，应优先选择有认证标志的产品。

（8）“三无食品”买不得。

“三无食品”一般是指无生产日期、无质量合格证（或生产许可证）以及无生产厂家、名称、地址的食品。也有人认为“三无食品”是一无生产厂名、二无生产厂址、三无生产卫生许可证编码的食品，还有人说“三无食品”是无厂名、无地址、无商标。不管是哪种“三无”，都是在选购中要避免的。《中华人民共和国产品质量法》中规定，产品必须要有中文厂名、中文厂址、电话、许可证号、产品标志、生产日期、中文产品说明书，必要时还需要有限定性或提示性的说明等，凡是缺少的均视为不合格产品。上述要求缺少其中之一，均可被视为“三无食品”。很多品类的食品都有“三无食品”，比如一些不合格的膨化食品、腌制和油炸的食品、果冻、含糖精的饮料、巧克力、方便面、罐头、泡泡糖等。一些防腐剂、色素、甜味剂等添加剂超标而对儿童健康成长不利的零食，劣质原料制成的食物往往也是“三无食品”。据工商执法人员调查，这些劣质“三无食品”来自一些无照经营、卫生条件极差的小作坊，它们普遍过量添加香精、糖精、味精、色素等，而这些化学成分对人体肝、肾等脏器危害极大，大量食用容易致癌。一些无任何手续的黑加工店为了追求食品香、酥、脆的特点，在生产过程中不但不按照国家食品标准添加添加剂，甚至使用化工原料代替食品添加剂，致使有毒有害食品流入市场。这些食品可能导致过敏、畸形、癌变或细胞组织的突变。儿童特别是婴幼儿的免疫系统发育尚不成熟，肝脏的解毒能力较弱，如果食用了这些不合格的食品，后果可想而知。“三无食品”往往有三个明显的特征，一是价格超低，二是包装粗劣，三是各项卫生指标无法保证。“三无食品”主要流向城乡结合部和农村，在城市则可能出现在学校旁边的小卖部。这些产品的批发点比较隐蔽，售卖点比较分散，建议家长严格把关，不给孩子购买非正规厂家生产的儿童食品。

# 二、食品包装“标识”学问多

## （一）什么是“三品一标”

食品是我们日常生活的必需品，随着社会文明的进步，消费者的需求和产品档次都有了提升，食品也出现了奢侈化趋势。但食品终究不是奢侈品，所以只能称之为“类奢侈”化现象。选购高档食品需要会看“标识”，这里的“标识”主要指无公害农产品、绿色食品、有机农产品和农产品地理标志（统称“三品一标”）这类产品的标识。那些包装耗材过多、分量过重、体积过大、成本过高或者夸大其词、装潢过于华丽、说辞过于溢美等过度包装现象不仅是国家相关部门要监管的，更是每个倡导绿色生活的消费者所不能接受的。危害环境的过度包装已被大众摒弃，但真正的健康食品的理念和标识却还未深入人心。普通消费者应先弄清普通食品、无公害食品、绿色食品和有机食品四者之间的关系。

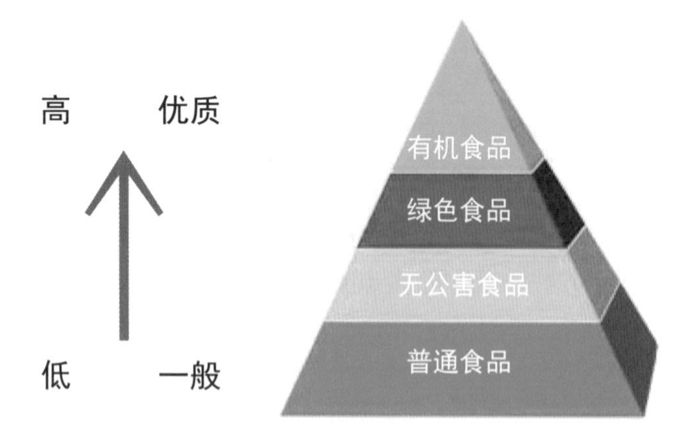

## 1. 有机食品

有机食品是全球对无污染的天然食品的一种比较统一的提法。有机食品通常来自有机农业生产体系，根据国际有机农业生产要求和相应的标准生产加工的，符合国家有机食品要求和标准，并通过国家有机食品认证机构认证的一切农副产品及其加工品，包括粮食、食用油、菌类、蔬菜、水果、瓜果、干果、奶制品、禽畜产品、蜂蜜、水产品、调料等。有机食品的生产和加工，不使用化学农药、化肥、化学防腐剂等合成物质，也不用基因工程生物及其产物，如转基因产品等。因此，有机食品是一类真正来自天然、富营养、高品质、安全环保的生态食品。有机食品在不同的语言中有不同的名称，国外最普遍的叫法是 organic food，在其他语种中也被称为生态食品、自然食品等。联合国粮农组织（FAO）和世界卫生组织（WHO）的食品法典委员会（CAC）将这类称谓各异但内涵实质基本相同的食品统称为有机食品。下图是中国有机产品和中国有机转换产品的标识。有机转换产品是指从开始有机管理至获得有机认证期间所生产的产品，在此期间经过认证的产品必须标注有“中国有机转换产品”的字样，方可进行销售。按照国家相关规定，生产基地经过有机认证后，从生产其他食品到有机食品需要 2~3 年的转换期。在过渡期内，基地的农产品生产要按照有机食品的生产标准进行，但因尚未获得标注有机食品的资质，出产的产品需要标注“中国有机转换产品”字样。也就是说，标有“中国有机转换产品”的食品还不是真正的有机食品，而是有机食品的“预备队”，即有机农业正处于“转换期”阶段所生产的过渡性产品。消费者应该明了两者之间的区别。

C:100 M:0 Y:100 K:0
C:0 M:60 Y:100 K:0

C:0 M:40 Y:100 K:40
C:0 M:60 Y:100 K:0

此外，中国境内还有下列有机食品认证标志，根据认证基地的不同而有所不同。

中绿华夏有机认证

方圆有机认证

五洲恒通有机认证

万泰有机认证

北京陆桥有机认证

澳大利亚有机认证

## 2.绿色食品

绿色食品的出现是在第二次世界大战以后，欧美和日本等发达国家在工业现代化的基础上，先后实现了农业现代化。农业现代化一方面大大丰富了这些国家的食品供应，另一方面也产生了一些负面影响。主要是随着农用化学物质源源不断地、大量地向农田输入，造成有害化学物质通过土壤和水体在生物体内富集，并通过食物链进入到农作物和畜禽体内，导致食物污染，最终损害人体健康。过度依赖化学肥料和农药的农业（也叫作“石油农业”），会对环境、资源以及人体健康造成危害，并且这种危害具有隐蔽性、累积性和长期性的特点。20 世纪 70 年代初，由美国扩展到欧洲和日本的旨在限制化学物质过量投入以保护生态环境、提高食品安全性的“有机农业”思潮影响了许多国家。一些国家开始采取经济措施和法律手段，鼓励、支持本国无污染食品的开发和生产。1992 年联合国环境与发展大会在巴西里约热内卢召开，此后许多国家积极探索农业可持续发展的模式，以减缓石油农业给环境和资源造成的严重压力。欧洲及美国、日本和澳大利亚等发达国家和一些发展中国家纷纷加快了生态农业的研究。在这一国际背景下，我国决定开发无污染、安全、优质的营养食品，并将其定名为“绿色食品”。

## 3. 无公害食品

无公害食品，指的是无污染、无毒害、安全优质的食品，生产过程中允许限量使用限定的农药、化肥和合成激素。无公害食品是指产地环境、生产过程、产品质量符合国家有关标准和规范的要求，经认证合格，获得认证证书并允许使用无公害农产品标志的优质农产品或初加工的食用农产品。无公害食品标准主要包括无公害食品行业标准和农产品安全质量国家标准。无公害食品行业标准由农业部制定，是无公害农产品认证的主要依据；农产品安全质量国家标准由国家质量监督检验检疫总局制定。

无公害食品标准与绿色食品标准的主要区别是：二者卫生指标差异较大，绿色食品的产品卫生指标明显严于无公害食品的卫生指标。以黄瓜为例，无公害食品黄瓜卫生指标有 11 项，绿色食品黄瓜卫生指标有 18 项。另外，绿色食品还规定了感官和营养指标的具体要求，而无公害农产品没有。绿色食品有包装通用准则，无公害食品没有。无公害食品的产品标准和产地环境标准为强制性标准，生产技术规范为推荐性标准。

## 4. 农产品地理标志

农产品地理标志，是指标示农产品来源于特定地域，产品品质和相关特征主要取决于自然生态环境和历史人文因素，并以地域名称冠名的特有农产品标志。根据《农产品地理标志管理办法》规定，农业部负责全国农产品地理标志的登记工作，农业部农产品质量安全中心负责农产品地理标志登记的审查和专家评审工作。省级人民政府农业行政主管部门负责本行政区域内农产品地理标志登记申请的受理和初审工作。农业部设立的农产品地理标志登记专家评审委员会负责专家评审。

## （二）如何鉴别有机食品

有机食品是指来自有机农业生产体系，根据国际有机农业生产要求和相应的标准生产加工的，并通过独立的有机食品认证机构认证的一切农副产品，包括粮食、蔬菜、水果、奶制品、禽畜产品、水产品、调料等。

有机食品生产的基本要求如下：

①生产基地在三年内未使用过农药、化肥等违禁物质；

②种子或种苗来自自然界，未经基因工程技术改造过；

③生产单位需建立长期的土地培肥、植保、作物轮作和畜禽养殖计划；

④生产基地无水土流失及其他环境问题；

⑤作物在收获、清洁、干燥、贮存和运输过程中未受化学物质的污染

⑥从常规种植向有机种植转换需 2~3 年转换期，新垦荒地例外；

⑦生产全过程必须有完整的记录档案。

有机食品加工的基本要求如下：

①原料必须是已获得有机认证的产品或野生无污染的天然产品；

②已获得有机认证的原料在最终产品中所占的比例不得少于 95%；

③只使用天然的调料、色素和香料等辅助原料，不用人工合成的添加剂；

④有机食品在生产、加工、贮存和运输过程中应避免化学物质的污染；

⑤加工过程必须有完整的档案记录，包括相应的票据。

辨识真假有机食品的判断标准如下：

①原料来自有机农业生产体系或野生天然产品。

②有机食品在生产和加工过程中必须严格遵循有机食品生产、采集、加工、包装、贮藏、运输标准。

③有机食品在生产和加工过程中必须建立严格的质量管理体系、生产过程控制体系和追踪体系，因此需要转换期，这个转换过程一般需要 2~3 年时间。

④有机食品必须通过合法的有机食品认证机构的认证。

国外常见的有机食品认证标志如下所示。

加拿大有机食品认证标志

澳大利亚有机食品认证标志

法国有机食品认证标志

日本有机食品认证标志

美国有机食品认证标志

瑞士有机食品认证标志

意大利有机食品认证标志

德国有机食品认证标志

欧盟 EEC 有机食品认证标志

## （三）食品包装上的其他标志

我们在商品包装上除了能看到上述产品标志，还能看到其他一些“食品级”标志。

### 1. 食品级标志

由于食品直接关系着人类的健康，各个国家对食品级接触测试都有着严格的规定，认识这些标志对我们选购食品也很有帮助。譬如，德国《食品与日用品法》（LFGB）认证的刀叉标志，刀叉标志是一个食品安全标志。在与食品接触的日用品上，如果有刀叉标志，就表示该产品已通过检测，符合德国 LFGB 法规要求，证明不含对人体产生危害的有毒物质，可以在德国及其他欧美市场销售。在欧洲市场上，有刀叉标志能增强顾客对其产品的信心及购买欲望，是强有力的市场工具，大大增加了产品在市场上的竞争力。

德国 LFGB 认证的刀叉标志

可与食品接触，适于包装食品的标志

食品级不锈钢标志

## 2. 生产许可标志

QS 生产许可标志是由“企业食品生产许可”的企业（Qiye）、生产（Shengchan）拼音首字母 QS 和“生产许可”中文字样两部分组成。QS 不是认证标志，是生产许可标志。实行生产许可制度的不只有食品，也包括其他。从 2008 年起，国家规定所有食品必须加贴 QS 标志。自 2009 年 9 月 1 日起，未获得食品用纸包装、容器等制品生产许可证的企业，不得生产该产品；任何单位和个人不得销售或者在经营活动中使用未获得生产许可证的产品。违反规定者将按照有关法律法规的规定予以查处。新的《食品安全法》实施后，食品生产许可证转由食品药品监督管理局发证，其证号也由原来的 QS 开头变成了 SC 开头。

## 3 . 保健食品标志

保健食品是声称有特定保健功能的一类食品，指适合特定人群食用的具有调节机体功能但不以治疗疾病为目的的食品。国家食品药品监督管理总局负责所有国产和进口保健食品的行政许可工作，包括对已批准的保健食品进行安全性、功能性、质量可控性等方面的系统评价和审查，消费者应查询和借鉴国家食品药品监督管理总局官方发布的审查、评价结果。

## 4. 可回收标志

这个构成特殊三角形的三箭头标志，就是近年在全球十分流行的循环再生标志，也有人把它简称为可回收标志。它被印在各类商品的包装上，包括食品包装，如在可乐、雪碧的易拉罐上都能找到它。其含义是：第一，提醒人们在使用完印有这种标志的商品后，把包装送去回收而不要把它当作垃圾扔掉。第二，标志着商品的包装是用可再生的材料做的，是有益于环境和地球的。在许多发达国家，人们在购买商品时总爱看一看包装上是否印有这个小小的三箭头循环再生标志。许多关心环境保护、珍惜地球资源的人们只买印有这个标志的商品，因为多使用可回收、可循环再生的东西，会减少对地球资源的消耗。

## 5. 塑料制品回收标志

塑料包装给我们的生活带来很多便捷。不知道大家有没有注意到，每个塑料容器都有一个“身份证”，一般在塑料容器的底部。这个“身份证”是个三角形标志，里边标有 1~7 中的某个数字，每个数字编号代表一种塑料容器类型，表明制作材料和使用上的不同。塑料制品回收标识是由美国塑料行业相关机构制定的，将塑料材质辨识码打在容器或包装上，从 1 号到 7 号各有含义，使大众无须专门学习辨别各类塑料材质的异同就可以简单分类回收了。细心的消费者恐怕早就会通过这个小三角标志来甄别塑料制品了。以下对不同的塑料回收标志分别加以说明。

“01”——PET（聚对苯二甲酸乙二醇酯） 矿泉水瓶、碳酸饮料瓶等都是用这种材质做成的。饮料瓶不能循环使用装开水，因为这种材料耐热至 70℃，只适合装低温或者常温的饮料，装高温液体或加热则易变形，会融出对人体有害的物质。研究者还发现这种塑料制品使用 10 个月后，可能释放出致癌物，对人体具有毒性。因此，这种饮料瓶用完就该丢掉，不要再用作水杯或者用作储物容器盛装其他物品，以免引发健康问题。

“02”——HDPE（高密度聚乙烯） 常用于包装药品，也常作为盛装清洁用品、沐浴产品的塑料容器。目前商场中使用的塑料袋也多是这种材质的，可耐 110℃的高温，标明食品用的 HDPE 袋可用来盛装食品。盛装清洁用品、沐浴产品的塑料容器可在小心清洁后重复使用，但这些容器的内容物易残留，不易清洗。不要用来作为水杯，也不要循环使用。

“03”——PVC（聚氯乙烯） 这种材质不适合直接包装食品，因为其成分中含有生产过程中没有被完全聚合的单分子氯乙烯和增塑剂中的有害物，它们在遇到高温和油脂时容易析出，随食物进入人体后会致癌。常见制品包括雨衣、建材、塑料膜、塑料盒等。这种材料的容器已经较少用于食品包装，万一遇到用 PVC 材料的容器盛装食品，记得千万不要让它受热，也不要循环使用。若发现饮用水的包装用了这个标志的材料或者装饮品的容器用了这个材料，则不要购买。

“04”——LDPE（低密度聚乙烯）　保鲜膜、塑料膜等都是这种材质。这种材料耐热性不强，合格的PE（聚乙烯）保鲜膜在温度超过110℃时会出现热熔现象，留下一些人体无法分解的塑料制剂。如果用保鲜膜包裹食物加热，食物中的油脂很容易将保鲜膜中的有害物质溶解出来。因此，用微波炉加热食品时，先要取下包裹着的保鲜膜。

“05”——PP（聚丙烯）　微波炉餐盒就采用这种材质制成，耐130℃高温，透明度差，这是唯一可以放进微波炉的塑料盒，在小心清洁后可重复使用。需要特别注意的是，一些微波炉餐盒的盒体以05号PP制造，但盒盖却以06号PS（聚苯乙烯）制造，PS透明度好但不耐高温，所以不能与盒体一并放进微波炉。为保险起见，容器放入微波炉加热前应先把盖子取下。

“06”——PS（聚苯乙烯）　这是用于制造碗装泡面盒、发泡快餐盒的材质。又耐热又抗寒，但不能放进微波炉中加热，以免因温度过高而释出化学物质，并且不能用于盛装强酸（如柳橙汁）、强碱性食品，因为会分解出对人体有害的苯乙烯。因此，消费者要尽量避免用快餐盒打包滚烫的食物。

“07”——PC（聚碳酸酯）　这是被大量使用的一种材料，尤其多用于制造奶瓶、太空杯等，曾因为含

有双酚A（二酚基丙烷）而备受争议。专家指出，只要在制作PC的过程中，双酚A100%转化成塑料结构，便表示制品完全没有双酚A。若有少量双酚A没有转化成PC的塑料结构，则可能会释出而进入食物或饮品中。因此，在使用PC容器时要格外注意包装标识。PC中残留的双酚A，温度愈高，释放愈多，释放速度也愈快，所以不应以PC材质水瓶盛装热水。如果水壶偏巧标识为"07"，下列一些方法可降低风险:

①使用时勿加热，勿在阳光下直射。

②不用洗碗机、烘碗机清洗水壶。

③第一次使用前，用小苏打粉加温水清洗，在室温中自然晾干。

④如果容器有任何变形或破损，建议停止使用，因为塑料制品表面如果有细微的坑纹，容易藏细菌。

⑤避免反复使用已经老化的塑料器具。

## 6. 中国环境标志

中国环境标志是一种印刷或粘贴在产品或其包装上的图形标志。中国环境标志表明该产品不但质量符合标准，而且在生产、使用、消费及处理过程中符合环保要求，对生态环境和人类健康均无损害。

# 第四章
# 如何通过包装鉴别食品品质

## 一、通过包装鉴别食品真伪的几种方法

### （一）食品商标鉴别法

食品商标主要有区分和识别作用、质量监督作用、指导消费和广告宣传作用及市场流通作用。可以通过商标区分食品的生产单位，考察食品质量。识别作用则是了解食品的来源、生产厂家等。按照我国《商标法》规定："商标的使用人应对其使用的商标质量负责。"如果消费者购买了质量低劣的食品，可以根据商标所标识内容，向消费者协会投诉。食品商标信誉的高低是和食品质量紧密地联系在一起的。名牌商标的产生是食品生产企业长年坚持保证自身质量的结果。在市场上享有信誉的食品商标，可以扩大商品的影响力，促进消费者购买，从而起到引导消费的作用。广告是企业用以宣传产品的有效方法，而广告宣传又是与食品商标有机地联系在一起的。通过各种媒体的宣传，可让消费者认识该商标，以达到扩大销售的目的。

### （二）条形码鉴别法

条形码或条码是将宽度不等的多个黑条和空白，按照一定的编码规

则排列，用以表达一组信息的图形标识符。常见的条形码是由反射率相差很大的黑条（简称条）和白条（简称空）排成的平行线图案。条形码可以标出物品的生产国、制造厂家、商品名称、生产日期、图书分类号、邮件起止地点、类别、日期等信息，因而在商品流通、图书管理、邮政管理、银行系统等领域得到了广泛的应用。要将按照一定规则编译出来的条形码转换成有意义的信息，需要经历扫描和译码两个过程。

## 1. 进口食品的条形码鉴别

近些年来，大大小小的进口食品店如雨后春笋般出现。一般而言，进口食品的价格比国产同类产品的价格要高出很多，但是这些号称“进口”的食品，真的都是进口的吗？答案当然是否定的，想要辨别，可以先从条形码查询。

如何鉴别商品的条形码？以条形码 6936983800013 为例。此条形码分为 4 个部分，从左到右分别为：第 1~3 位，共 3 位，对应该条码的 693，是中国的国家代码之一。目前国际物品编码协会已将 690~695 之间的前缀码分配给中国大陆物品编码中心使用，即开头部分是 690~695 之间的条码是某商品的生产商（或经销商）在中国大陆地区申请的商品条码；第 4~8 位，共 5 位，对应该条码的 69838，代表着生产厂商代码，由厂商申请，国家分配；第 9~12 位，共 4 位，对应该条码的 0001，代表着厂内商品代码，由厂商自行确定；第 13 位，共 1 位，对应该条码的 3，是校验码，依据一定的算法，由前面 12 位数字计算而得。

前缀码编码对应的所在国家或地区如下（部分）：000~019、030~039、060~139 美国；300~379 法国；400~440 德国；490~499 日本；460~469 俄罗斯；471 中国台湾；489 中国香港特别行政区；500~509 英国；520 希腊；560 葡萄牙；600、601 南非；730~739 瑞典；754~755 加拿大；760~769 瑞士；800~839 意大利；840~849 西班牙；880 韩国；885 泰国；888 新加坡；890 印度；893 越南；899 印度尼西亚；930~939 澳大利亚；940~949 新西兰；955 马来西亚；958 中国澳门特别行政区。

## 2. 酒类食品的条形码鉴别

以贵州茅台为例，每瓶贵州茅台酒的包装上都有一物流条形码，揭开 93 条形码表层，可看见唯一的、不可重复查询的 16 位数的电话防伪码，拨打防伪电话按照语音提示操作，便可得到查询结果。防伪标位于瓶盖上，而且每箱酒附有防伪识别器及操作说明，将识别器照射防伪标可出现英文字母“MT”字样，变换酒瓶角度，字母若隐若现，充满动感。贵州茅台酒的喷码也位于瓶盖上，由三行数字组成：第一行标明出厂日期，第二行标明出厂批次，第三行标明出厂不同批次计数序号。出厂序号为五位数，三行数据具有唯一性，真假一对便知。

## （三）二维码鉴别法

利用二维码进行溯源防伪，在国内外已有多方应用。据物联网领域的专家介绍，这一应用有三个前提，第一是移动网络环境随着4G和Wi- Fi的普及而得以保障，能够提供“云端解码”；第二是智能手机的快速普及，让更多用户能够接触到二维码客户端；第三，也是最重要的，二维码技术的发展，使得解码工具从专业的扫码机具，变身为普通用户手机的一个小小客户端，飞入寻常百姓家，让二维码溯源防伪成为可能。用手机扫描物品上的二维码资讯后，不但能显示产品的价格，还能得到相关的商品资料，例如扫描猪肉包装上的二维条形码，就可以知道产地及物流信息。

二维码是用特定的几何图形按一定规律在平面（二维方向上）分布的黑白相间的矩形方阵用于记录数据符号信息的新一代条码技术，由一个二维码矩阵图形和一个二维码号以及下方的说明文字组成，具有信息量大、纠错能力强、识读速度快、全方位识读等特点。将手机需要访问、使用的信息编码到二维码中，利用手机的摄像头扫描识读，这就是手机二维码。用户通过手机摄像头扫描二维码或输入二维码下面的号码、关键字即可实现手机快速上网，快速便捷地了解所购产品的原料产地、加工企业信息、配送信息和销售公司信息。

## （四）RFID 鉴别法

RFID 是 radio frequency identification 的缩写，即射频识别，俗称电子标签，是一种无线通信技术，可通过无线电信号识别特定目标并读写相关数据，而无须在识别系统与特定目标之间建立机械或光学接触。

RFID 技术的基本工作原理并不复杂：标签进入磁场后，接收解读器发出的射频信号，凭借感应电流所获得的能量发送出存储在芯片中的产品信息，或者主动发送某一频率的信号；解读器读取信息并解码后，送至中央信息系统进行相关数据处理。

采用 RFID 技术进行食品药品的溯源在国内一些城市已经开始试点，如宁波、广州、上海等地。食品药品的溯源主要解决食品来源的跟踪问题，如果发现了有问题的产品，可以简单地追溯，直到找到问题的根源。贵州茅台曾在 500mL 普通茅台酒上推广使用 RFID 技术，和之前采用条形码技术的老产品有个共存期。在共存期内，带 RFID 标签和没有带 RFID 标签的产品都会存在。也就是说，凡是带有 RFID 芯片标签的茅台酒，在生产过程中就匹配有唯一的身份标记，该标记记录了每一瓶茅台酒从生产、流通到消费的全生命周期信息，以便消费者、企业及监管部门进行溯源查验，同时随着近距离无线通信技术（NFC 技术）在智能手机上的普及，消费者通过自身携带的 NFC 手机就可以随时随地对茅台酒轻松查验。该技术引领酒类溯源

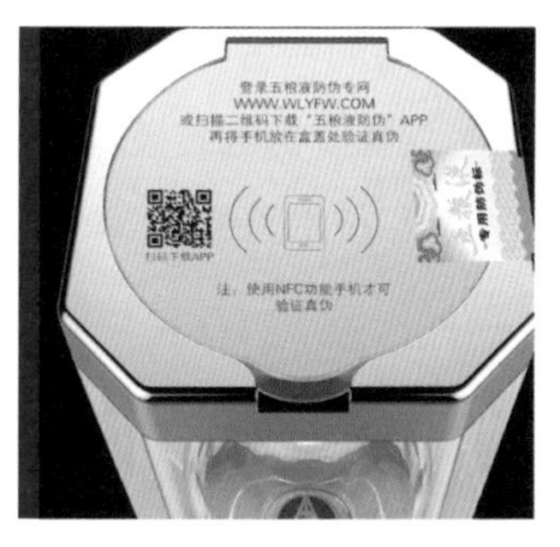

验证的新潮流，有着巨大应用前景。

## （五）印刷和油墨防伪鉴别

（1）印刷防伪包装，其防伪的关键是通过精密的印刷设备和与之配套的油墨、纸张，使印制包装变幻莫测、多彩精美，也就使仿制的包装难以达到真品包装的质量要求，从而使制假者难以得逞。总之，印刷防伪包装就是将自己的包装在印刷及造型、选材、工艺等方面增大难度，比普通的包装印刷更精美、图案更复杂、色彩更鲜艳，图案色彩层次更分明和华丽，并具有特殊的工艺，一般的印刷设备难以完成。这种印刷高难度的防伪包装，人们在购买商品时用肉眼即可识别和判断。这种防伪包装在早期的商品防伪中曾发挥积极的作用，但对于那些无印刷专业知识的普通消费者来讲，却很难准确区分真伪。这种防伪包装技术只有规模很大，且资金和技术力量雄厚的企业才会采用。在商品经济十分发达、各种技术不断进步的今天，制假逐渐发展为财团化和跨地区、跨国界、有组织的行为，其假冒技术不断提高，因此，印刷防伪包装技术已很难有效防伪，即使能在一段时期内防伪，其防伪的有效期也越来越短。

（图片来源于深圳市华德防伪技术开发有限公司）

（2）油墨防伪包装技术是继印刷防伪包装之后发展起来的防伪

包装技术。这种防伪包装是将具有特殊性能的油墨印刷到包装上，消费者在选购商品时便可用简单的方法（如光照、加热等）识别真伪。它是一种相对先进的一线防伪包装技术，具有仿制难度大、产品开发投入成本高、破密困难的特点。油墨防伪包装很多是在材料配方上加密并配合特殊的工艺，因此，制假者也很难在较短时间内复制出来，比印刷防伪包装的防伪效果更好。油墨防伪包装其识别信息有可逆与不可逆之分。可逆指可重复使用和多次识别；不可逆指一次性识别，一次识别后便使其防伪功能破坏而失去防伪作用。常见的防伪用油墨有多种类型，例如光变油墨、磁性油墨、热敏油墨、导电油墨等。无论哪类防伪油墨，都是在其成分配比中及制作工艺上进行特殊的处理。印刷到包装上后，消费者根据其说明，通过简单的办法对其识别部分（标志、标记、标签等）进行刺激（如光照、加热、磁电接触等），便可收到特殊的信号，从而实现防伪目的。油墨防伪包装应用较为普遍，也是较受欢迎的防伪包装技术。特别是在纸容器包装制品上得到广泛应用，识别方法均在包装上加以说明。

## （六）结构防伪

结构防伪是一种研究和应用较早的防伪包装技术，在现代商品包装中仍在广泛使用。随着各种新技术的出现，防伪包装在结构上又有了新的发展，从而使结构防伪成为具有良好发展前途的一线防伪包装技术。

结构防伪包装最常用的结构是破坏性的，也就是在商品使用前，其包装通过结构，严密地保护着内容物，让人无法接触和触摸到内容物，只有把其包装结构破坏后方可接触到内容物。

结构防伪包装形式和方法繁多。因包装产品的多样化、包装结构的多样化、包装开启与使用方法的多样化、包装材质的多样化等，结构防伪包装技术也层出不穷、日新月异。很多防伪结构是通过包装开启部位与开启方式、结构进行防伪的。如兼有销售包装与运输包装于一体的瓦楞纸箱防伪包装，在装入物品封口后，其封口处很难打开（呈全封闭型），要打开取出箱内物品，只能通过特制（在制箱制版时制作的）一次性开启拉条、拉环或拉舌，使纸箱破坏方可得到。又如目前一些高档白酒的一次性瓶盖或瓶塞，就是使瓶盖或瓶塞破坏后才能倒出酒来。还有的结构防伪包装是将结构与其他物理化学变化结合于一体而实现防伪的。例如日本三菱瓦斯化学株式会社有两项结构防伪包装技术就是融结构与化学技术于一体：一项是在包装开启处加入变色技术，未开启时开启处呈绿色，一旦打开后便变成了红色；另一项是在开启部内层放置小包氧化亚铁，一旦开启，包装开启内部缺氧环境遭到破坏，氧化亚铁变成氧化铁，开启部就改变了颜色。结构防伪包装可用于刚性容器，也可用于软性容器；既可用于整体包装，也可用于局部包装（如贴标签等）。因此，结构防伪包装是人们研究和应用得最多的防伪包装技术。

# 二、劣质包装材料的鉴别

## 案例

甘肃省定西县（今定西市安定区）以盛产优质马铃薯而闻名，一家食品厂的薯片即将上市，然而，工厂在进行质量检验时发现产品中发出一种类似家庭装修的奇怪味道。经兰州大学化学实验室分析，怪味来自薯片的包装袋。兰州市质监局经过分析测试，确定怪味来自残留在包装袋里的苯。结果显示，薯片包装袋的苯残留量超标3倍以上，属严重超标。

## （一）塑料包装材料的鉴别

当前市场上食品包装材料尤其是一次性餐具产品管理不严，存在以次充好、假冒伪劣的食品包装材料，严重威胁消费者的身体健康，影响到我国食品包装业，乃至整个食品工业的健康发展。国家质检总局公布的食品包装（膜）抽查结果表明，除一般的塑料袋外，专用的食品包装袋抽检不合格率高达15%。其中主要问题是卫生指标不符合国家标准及物理机械性能差。依据传统工艺制造出来的食品包装袋不可避免地掺杂苯、甲苯等有害物质，虽然其中的绝大多数在制造过程中就挥发了，但少量溶剂会残留在复合膜之间，随着时间的推移，从膜表面渗透进入食品中，使食品变质。有关专家指出，食用了用不合格包装袋包装的变质食物会对人体健康产生不良影响，尤其会对青少年儿童的发育有影响。目前食品包装塑料袋种类繁多，一般由两类塑料薄膜制成：一类由聚乙烯、聚丙烯和密氨等原料制成；另一类由聚氯乙烯制成。聚氯乙烯树脂本身无毒性，但在制作过程中加入增塑剂等助剂，从而产生毒性。此外，有些塑料制品中会加入稳定剂，其主要成分是硬脂酸铅，铅盐极易析出，一旦进入人体就会造成积蓄性铅中毒，从而危害消费者的健康。那么，该如何鉴别劣质塑料包装材料呢？

可以采用下列简便方法鉴别：

（1）水检测法：把塑料袋放入水中，无毒塑料袋放入水中后，可浮出水面；而有毒塑料袋是不向上浮的。

（2）手触检测法：用手触摸塑料袋，有润滑感者无毒；否则是劣质塑料袋。

（3）抖动检测法：用手抓住塑料袋一端，用力拍一下，发出清脆声者无毒；反之则为劣质。

（4）火烧检测法：可以把塑料袋剪去一条边，用火烧，有毒的不易燃烧；无毒的遇火容易燃烧。

除了会鉴别包装材料外，选择和使用合格的塑料包装袋，还应注意以下几点：

（1）食品用塑料包装袋外包装要有中文标识，标注厂名、厂址、产品名称，并在明显处注明“食品用”字样，产品出厂后要附有产品检验合格证。

（2）食品用塑料包装袋出厂时是无异臭、无异味的，有特殊气味的塑料包装袋不能用于食品包装。

（3）有颜色的塑料包装袋（当前市场上用的是暗红色或黑色等）不能用于食品包装。因为这类塑料包装袋往往是用回收再生塑料制作的。

（4）尽量选用不加涂、镀层的材料。现代包装设计中，为了使包装更加美观、耐蚀，大量使用附带镀层的材料。这不仅给产品报废后的材料回收、再利用带来困难，而且大部分涂料本身就具有毒性，如果食用了这种包装的食品，会对人们的身体产生很大的危害。另外涂、镀工艺过程也会污染环境，如涂料会挥发出毒性溶剂气体，电镀时产生含铬等重金属的废液、废渣，造成环境污染等。因此，应尽量选用不加涂、镀层的包装材料。

（5）由于食品用塑料包装袋不易降解的特性，会造成环境污染，因此，人们在采购食品时，最好选用绿色包装材料。纸是目前应用最广泛的绿色包装材料之一，在选购食品时最好选择纸质的包装或生物降解塑料包装。

## （二）通过标签鉴别食品真伪

窍门一：凡是预包装食品标签上所标示的生产日期是 2013 年 1 月 1 日以后的，除按《预包装食品营养标签通则》规定可以没有营养标签的几类食品外，其他预包装食品都必须有营养标签，如果食品包装上没有营养成分表，这样的预包装食品标签很可能不符合国家强制标准的规定。也就是说，这样的食品很可能是不合法的，在购买时就应慎重，可以向当地食品安全监管部门咨询或举报。

窍门二：当查看预包装食品标签上的“营养成分表”时，需留意营养成分表中是否包括“能量、蛋白质、脂肪、碳水化合物、钠”这 5 种营养成分的名称、含量及其占营养素参考值的百分数，如果标示不全或格式不符合《预包装食品营养标签通则》的规定，这样的标签也是不合法的。

窍门三：当看到某预包装食品标签上的营养声称或营养成分功能声称时，可以对照本书后面附的《预包装食品营养标签通则》中的有关规定，查看其营养声称是否符合国家标准规定的声称条件和规范用语，其营养成分功能声称是否使用了国家标准规定的功能声称标准用语。例如，如果某预包装食品的标签上标示了“低糖”，而其营养成分表中所标示的“糖”含量大于 5g/100g，那么这样的营养声称不符合国家标准规定的声称条件，是不合法的。进口食品包装上如果没有中文营养标签也是不合法的。如果是通过正常渠道经过检验检疫从海关进境的，必定含有中文标签。也就是说，包装全是外文的进口食品极有可能是走私的，甚至是假冒伪劣产品。此外，有些食品虽然有中文标签，但其内容藏头缩尾、含糊其辞，这种产品很可能是假冒伪劣食品，其安全卫生质量无法保证，消费者在购买时要认真识别。

窍门四：一般来说，在标签上作假的食品包装有四种情况：

（1）谜语型标签。如一种外观包装很好的速冻银鱼，厂名只有“××省××地”；一盒包装精美的鸡精，干脆只标注“××（国家）出品”。不写厂名、厂址，已成为部分食品标签的“潮流”模式。一些厂家设置如此多的“谜语”，有故意掩盖产品缺陷、欺骗消费者的意图。

（2）戏法型标签。如将大包装食品化整为零，分解成小包装，小包装上干脆不标产地、生产日期、保质期。一些过期大包装食品，就是这样经“打扮”后出笼的。还有的商家发现某食品已过期时，就将其包装拆掉，当作零散食品出售，或者利用乡镇的一些个体商店销往农村。

（3）弹性型标签。如将标签上的保质期标为 1~3 个月，使消费者难以掌握。如果过了 1 个月后食品变质了，消费者只好自认倒霉，因为保质期也可算是 1 个月；过了 1 个月后商品还在销售，则似乎也无可指责，因为保质期可到 3 个月。

（4）随意型标签。有些袋装食品既没有标注生产日期，也没有标注保质期；有的则只注明保质期，没有生产日期，或写着“生产日期见××处”，却不见其踪影。相当一部分食品的生产日期、保质期字迹模糊，消费者难以辨认。有的商家则随卖随贴产品标签，或用不干胶纸自行标注生产日期，标签上的生产日期实际上是经销日期。

我国《食品生产加工企业质量安全监督管理实施细则（试行）》（国家质检总局第79号令）中的第十八条规定，出厂销售的食品应当进行预包装或者使用其他形式的包装。用于包装的材料必须清洁、安全，必须符合国家相关法律法规和标准的要求。出厂销售的食品应当具有标签标识。食品标签标识应当符合国家相关法律法规和标准的要求。根据《北京市食品安全条例》中的第二十六条规定，委托生产的食品，标签上除法定的内容外，还应当如实标明委托双方的名称、委托关系、地址、联系方式和相关食品生产许可证号等事项。当我们选购食品时，遇到了上述“四个窍门”中所列出的各种情况，那么，毫无疑问，是遇到了不合格食品。

（图片来源于吉林省质量技术监督局）

# 第五章

# 如何通过包装选购各类食品

民以食为天，食品是人类永恒的话题。随着全球经济发展和科学技术的进步，世界食品工业取得长足发展。随着中国经济水平的发展和人民生活水平的提高，人均食品购买能力及支出逐年提高，食品制造工业生产水平得到全面提升，产业结构不断优化，品种档次也更加丰富。面对琳琅满目的食品，每个消费者需求不同，选择也会多种多样。那么，如何从中挑选出适合自己的食品呢？现在就让我们分门别类，一起来学习通过食品外包装读懂食品品质内涵的方法吧。

## 一、通过包装选购调味品

### 酱油

酱油是中国传统的调味品，用豆、麦、麸皮酿造而成，呈红褐色，有独特酱香，滋味鲜美，有助于促进食欲。作为家庭日常烹饪必不可少的调味料，在我们的饮食搭配中起着不可或缺的作用。酱油含有异黄醇，这种特殊物质可降低人体胆固醇，降低心血管疾病的发病率。新加坡食物研究所发现，酱油能产生一种天然的抗氧化成分。它有助于降低自由基对人体的损害，其功效比常见的维生素 C 和维生素 E 等抗氧化剂大十几倍。少量酱油所达到的抑制自由基的效果，与一杯红葡萄酒相当。那么，如何通过包装从众多品类中挑选出高质量、高营养的酱油呢？

酱油可分为高盐稀态发酵酱油和低盐固态发酵酱油，需要注意的是，包装上提到的“高盐低盐”的含义并不是指产品中盐的含量，这种标识与酱油的咸淡没有关系，只是表示酱油酿造工艺上的差别。“低盐固态”发酵法使用大豆和麸皮，“高盐稀态”发酵工艺所用的原料为大豆和小麦。由于工艺和原料的差别，前者的颜色比后者深，后者的酱香比前者相对浓郁。高盐稀态发酵酱油又叫高盐稀醪发酵酱油，高盐稀醪发酵是指制酱醪的盐水浓度为 18.5% ~20.5%（18~20° Bé），盐水用量较多，为总原料的 2~2.5 倍，酱醪含盐量达 15%左右，酱醪水分达 65%左右，酱醪呈流动状态。低盐固态发酵酱油是以脱脂大豆（或大豆）及麸皮、麦粉等为原料，经蒸煮、制曲，并采用低盐（食盐 6% ~8%）固态（水分为 50% ~58%）发酵方法生产的酱油。高盐稀态发酵比低盐固态发酵周期长，风味化合物多一些，故前者的风味口感相较于后者好。除去风味物质上的区别，两种酱油含盐量无明显区别。对于患有高血压需要控制钠摄入的消费者，在选购时无须过于纠结这一点。

决定酱油品质级别的，是酱油中所含氨基酸态氮的含量。市售的酱油都可以通过其包装标签上的氨基酸态氮的含量鉴别其品质，具体分级标准如下表所示。

酱油等级判定指标

| 项目 | 指标 | | | | | | | |
|---|---|---|---|---|---|---|---|---|
| | 高盐稀态发酵酱油（含固稀发酵酱油） | | | | 低盐固态发酵酱油 | | | |
| | 特级 | 一级 | 二级 | 三级 | 特级 | 一级 | 二级 | 三级 |
| 可溶性无盐固形物，（g/100mL）≥ | 15.00 | 13.00 | 10.00 | 8.00 | 20.00 | 18.00 | 15.00 | 10.00 |
| 全氮（以氮计 g/100mL）≥ | 1.50 | 1.30 | 1.00 | 0.70 | 1.60 | 1.40 | 1.20 | 0.80 |
| 氨基酸态氮（以氮计 g/100mL）≥ | 0.80 | 0.70 | 0.55 | 0.40 | 0.80 | 0.70 | 0.60 | 0.40 |

以右图为例，图片中的酱油产品中的氨基酸态氮含量为大于等于1.20g/100mL，这个数值大于0.80g/100mL，属于特级酱油，是值得选购的产品。

## 蚝油

蚝油是用蚝（牡蛎）与盐水浸提熬成的调味料，是一种营养丰富、味道鲜美的传统调味料。

近几年来，随着我国各地居民的饮食习惯的相互渗透和生活水平的提高，不仅岭南地区的居民喜欢食用蚝油，其他地区的居民也逐渐接受并喜欢上了这种调味品。随着中国餐馆在海外的大量出现，蚝油也开始受到外国顾客的青睐，蚝油随之畅销。如果去大型超市考察蚝油专柜，会发现蚝油的品种越来越丰富。一是蚝油的品牌越来越多，既有百年老字号，譬如以蚝油起家的“李锦记”，也有近年冒头的后起之秀，譬如“海天”，更有很多不知名的小品牌；二是蚝油的品种开始细分，既有走传统路线的旧装系列延续，也有创新品类的新鲜产品，譬如“捞面蚝油”“拌菜蚝油”等；三是有实力的厂家将蚝油产品系列化，譬如海天味业就在原有优势的基础上，以 4 个产品主打国内市场。那么，要如何通过蚝油的外包装去挑选优质的蚝油呢?

市面上的蚝油价格相差甚大，价格反映了产品本身的营养价值。现在蚝油的生产主要有两种方式，一是利用牡蛎蒸、煮后的汁液进行浓缩，二是直接用牡蛎肉打碎熬汁，再加入食糖、食盐、淀粉、改性淀粉等原料制成，两种工艺方法无高下之分，生产出来的都是有蚝汁的蚝油。在广东，一部分厂家直接购买蚝水来进行蚝油生产，也有一部分厂家是用生蚝直接打碎熬汁的，譬如“李锦记”。但无论哪种生产方式，蚝油里面是一定得含有蚝汁的。但是无论拿起哪一个品牌的产品来看，我们都会发现，包装上面并没有标明蚝汁含量是多少。这是因为当前的检测技术无法检验出蚝汁在蚝油中所占的明确分量，国家标准也没有强制规定厂家必须标明蚝汁含量的多少。所以我们在选购蚝油的时候，除了查看生产日期，还需看产地，一般而言，产地靠近海边，用来制作蚝油的牡蛎新鲜度也相对会高，风味品质也会更好。此外，还可以根据以下的感官指标、理化指标来判断产品品质。

感官指标：

①色泽：棕褐色至红褐色，鲜艳有光泽为优。

②气味：具有蚝油特有的香气和酯香气，且没有腐败发酵异味为优。

③味道：具有蚝油独特的鲜美适口味道，稍甜，味醇厚，无焦、苦、涩等异味和霉味为优。

④体态：黏稠状，浓厚适当，无渣粒杂质为优。

理化指标：

a. 氨基酸态氮：一般产品在 0.50~0.60g/100mL 的范围，原汁蚝油氨基酸态氮的含量在 1.0g/100mL 左右。

b. 含盐量：一般产品含盐量在 9~12g/100mL 的范围，原汁蚝油含盐量在 15g/100mL 以下。

c. 总糖：一般产品总糖在 13g/100mL 以下，原汁蚝油的总糖含量为微量。

d. 恩氏黏度：原汁蚝油在 20° E 以上，一般产品在 10° E 以上。

e.pH 值：pH 值在 4.5~5.5。

f. 总酸含量：小于 2.0g/100mL。

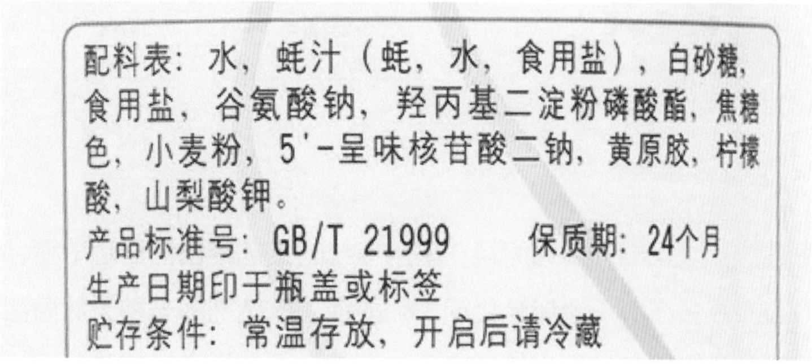

配料表：水，蚝汁（蚝，水，食用盐），白砂糖，食用盐，谷氨酸钠，羟丙基二淀粉磷酸酯，焦糖色，小麦粉，5'-呈味核苷酸二钠，黄原胶，柠檬酸，山梨酸钾。
产品标准号：GB/T 21999　　保质期：24个月
生产日期印于瓶盖或标签
贮存条件：常温存放，开启后请冷藏

以上图为例，图片中蚝油产品的配料表明，除了水和蚝汁，还含有防腐剂、酸味剂、焦糖色、味精等成分。

## 食用盐

盐是生活中必不可少的调味品。饮食中长期缺少食盐，人就会感到疲倦无力、眩晕，甚至发生昏厥。例如盛夏时节，活动量过大、出汗过多、体内盐分过量流失，人就会出现疲倦无力、头昏、肌肉抽搐，甚至虚脱的症状。根据最新的《中国居民膳食指南》，成人每天摄入盐的量要小于 6g。近十几年来“营养盐”悄然兴起，更是将食盐的品种细化，细分到特定人群，给生活带来了更大的便利。为了让读者学会选购适宜的盐，本书将根据市面上流通的各大类盐，为大家详解各类盐的特点和包装。

营养成分表

| 项目 | 每100克（g） | 营养素参考值% |
|---|---|---|
| 能量 | 0千焦（kJ） | 0% |
| 蛋白质 | 0克（g） | 0% |
| 脂肪 | 0克（g） | 0% |
| 碳水化合物 | 0克（g） | 0% |
| 钠 | 38238毫克（mg） | 1912% |
| 碘 | 2250.0微克（μg） | 1500% |

海晶盐：以天然海水为原料，采用传统的工艺经自然日晒浓缩、结晶、筛选加工生产，不添加氯化钾、硫酸镁、抗结剂的一种天然海盐。是经天然日晒的、有机绿色的纯净颗粒海盐，是专供家庭的腌制用盐。从营养成分表可以看出，海晶盐中钠的营养素参考值是 1912%，可谓不低。

低钠盐：低钠盐以碘盐为原料，再添加了一定量的氯化钾和硫酸镁，摄入后能改善人体内钠离子（$Na^+$）、钾（$K^+$）、镁（$Mg^{2+}$）的平衡状态，从而预防高血压。低钠盐能够实现减钠补钾而基本不减咸，因此低钠盐最适合中老年人和患有高血压和心脏病的消费者食用。低钠盐也被推广为各级政府减盐防控高血压的重要措施。低钠盐功能繁多，但肾病患者应避免食用。低钠盐的营养成分表中，钠的 NRV 值是 1574%，比其他种类的盐产品中钠的 NRV 值低了很多。

营养成分表

| 项目 | 每100克(g) | 营养素参考值% |
|---|---|---|
| 能量 | 0千焦(KJ) | 0% |
| 蛋白质 | 0.0克(g) | 0% |
| 脂肪 | 0.0克(g) | 0% |
| 碳水化合物 | 0.0克(g) | 0% |
| 钠 | 31472毫克(mg) | 1574% |
| 钾 | 10489毫克(mg) | 524% |
| 碘 | 1800微克(ug) | 1200% |

加碘盐：食用加碘精制盐是将碘酸钾按一定比例（每 kg 含碘为 35mg ± 15mg）加入食盐中配制而成的。食用加碘盐可为人体补充碘元素，从而防治甲状腺肿大等碘缺乏症，是一种比较科学、经济的方法。

但甲状腺功能亢进患者、甲状腺炎症患者则不宜食用。从营养成分表可以看出，加碘盐的钠的 NRV 值比低钠盐高不少，碘的 NRV 值则要高很多。

**国务院《食盐加碘消除碘缺乏危害管理条例》规定：**

碘缺乏危害，是指由于环境缺碘、公民摄碘不足所引起的地方性甲状腺肿、地方性克汀病和对儿童智力发育的潜在性损伤。国家对消除碘缺乏危害，采取长期供应加碘食盐为主的综合防治措施。

**营养成分表**

| 项目 | 每100克(g) | NRV% |
| --- | --- | --- |
| 能量 | 0千焦(kJ) | 0% |
| 蛋白质 | 0克(g) | 0% |
| 脂肪 | 0克(g) | 0% |
| 碳水化合物 | 0克(g) | 0% |
| 钠 | 39311毫克(mg) | 1966% |
| 碘 | 2100.0微克(μg) | 1400% |

竹盐：是将黄海盐装入青竹，两端以天然黄土封口，以松木为燃料经过 9 次高温煅烧提炼出来的物质。竹盐的烘烤温度高达 1000℃ ~ 1300℃，在此温度下有机物会被烧掉而只剩下无机物，竹盐其实是另一种形式的“粗盐”。据说，竹盐是 1300 年以前，庙里的僧人以民间疗法传下来的，古代中原的盐的来源主要是井盐和海盐，由于当时加工工艺的限制，井盐有卤味，海盐有腥味，但竹盐不但没有异

营养成分表

| 项目 | 每100g | NRV% |
|---|---|---|
| 能量 | 0kJ | 0% |
| 蛋白质 | 0g | 0% |
| 脂肪 | 0g | 0% |
| 碳水化合物 | 0g | 0% |
| 钠 | 37800mg | 1890% |

味，而且还带有清香味，富贵人家自然愿意使用竹盐。于是，竹盐在中、上层社会迅速普及，使用范围也从最初的“牙膏”，扩展到了浴盐、药材（盐本身就是一味药材）等方面。到唐、宋时期，竹盐的制作工艺越来越复杂，甚至出现了极其复杂的工艺和非常讲究的选材，这样制成的竹盐变成了一种“奢侈品”，但其功能并没有提升，作用、成分与普通的食用盐并没有多少差别（除了风味）。由于现代工艺的发展，普通食盐不再有异味，加上牙膏、浴液等更加有效的产品的出现，竹盐曾退出历史舞台。现在也有不少含有竹盐成分的洗护产品出现，譬如：竹盐牙膏、竹盐洗面奶或者竹盐香皂等。

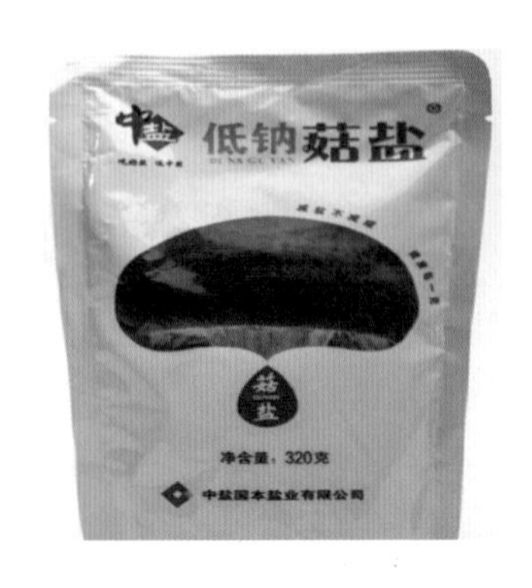


菇盐：是一种特殊的低钠盐，菇盐按照减钠指数，区分为20型、40型，分别比普通食盐减钠20%和40%。按照中国盐业公司的统一部署，20型和40型菇盐将在11个省市陆续上市。另外一款60型产品，减钠指数高达60%，因为成本较高，菇盐已被选为中国航天中心航天员特供盐，由特定渠道向特定人群销售。菇盐的营养成分表中，钠的NRV值都要比其他种类的盐产品低。从包装上面看，菇盐的配料中已经含有味精等固态复合调味料，还有香菇和海藻糖等液体复合调味料，已经具备增鲜的功效，所以用菇盐来炒菜、烧汤，不需要再放味精或鸡精。

[品　　名] 调味菇盐
[配 料 表] 精制盐（含亚铁氰化钾）、固态复合调味料（味精、食盐、蘑菇浓汤、5'－呈味核苷酸二钠、海藻糖、柠檬酸、琥珀酸二钠）、液体复合调味料（水、香菇、食盐、味精、海藻糖、柠檬酸）、碘化钾
[碘含量平均水平] 30mg/kg
[食用方法] 烹饪时加入，菜熟后为佳
[贮存方法] 密封避光，常温防潮
[生产日期] 见包装背面
[保 质 期] 36个月
[执行标准] Q/12A1093S

## 营养小贴士：拒绝“隐身盐”

世界卫生组织发布的《成人和儿童钠摄入量指南》中写道：钠摄入量过高会引起一些非传染性疾病，如高血压、心血管疾病和中风等。具体而言，儿童钠摄入量超标会引发下列健康问题：

第一，加重肾脏代谢的负担，影响肾功能健康。

第二，使口腔唾液分泌减少，溶菌酶相应减少，导致各种细菌、病毒侵入上呼吸道；同时抑制口腔黏膜上皮细胞的繁殖，削弱抗病能力；盐可杀死上呼吸道的正常寄生菌群，造成菌群失调。上述变化都会增加上呼吸道感染的风险。

第三，影响儿童对锌的吸收，导致缺锌，影响智力发育。

第四，无法自行排泄的钠会滞留在体液中，加重心血管系统负担，引起水肿、高血压等；钠太多还会导致钾从尿中过量排出，同样伤害心脏功能。

第五，血中钠浓度越高，钙的吸收就越差，影响孩子长高。最关键的一点是，美国研究人员发现，儿童过早过量摄入盐分，可能会使他们口味变重，一生都对食盐产生偏好。

每人每天钠的摄取量是多少合适呢？一般来说，成人约是5g，学龄前儿童约是3g，然而多数人实际摄入的钠是超过建议量的。有统计显示，现在小朋友每日钠的摄取量是成人的1.5倍到2倍，换句话说，是儿童每日建议摄取量的4倍左右！为何他们会吃进那么多钠呢？因为在他们心目中好吃的食物常是重咸食物，不知不觉中，就吃进太多的调味料，这是导致摄入盐分过多的原因之一。以下为一些“隐藏版”的高钠食物：

①白吐司

白吐司吃起来一点也不咸，以营养指标来看，每100g的热量是298大卡路里*，却有300mg的钠，算得上是高钠食物。

---

* 卡路里为非法定单位，1大卡=1000卡路里，1卡路里=4.186焦耳。

②果冻

果冻吃起来不咸，因为其钠的来源不是氧化钠，而是为了让柠檬酸稳定而添加的钠离子。

③番茄酱

味道虽然不是很咸，但其实钠含量超高，2 小包的番茄酱的钠含量，大致等于小朋友 1 天的钠建议摄取量。

④汤

很多汤一点也不清淡，1 碗汤里往往含有 2~4g 的钠，接近成人每天摄取钠含量。

⑤蜜饯

蜜饯类食品虽然看起来不是高盐食品，但实际上含钠量很高，是典型的高盐食品。

## 五大方法减少饮食中的钠含量

①少喝汤，不蘸酱。

正餐中的汤与蘸酱，钠含量往往是最高的，不吃是最好的。

②多用天然香辛料。

例如姜、蒜、胡椒等都可以增加食物的风味，不一定要加很多盐才能让食物好吃。

③善用烹饪法。

将青菜烫熟，装在保鲜盒里，加一点酱油后盖上盖子，适度摇晃后再倒掉残余的酱油，尽管只使用了一点钠，却能保持食物美味。

④薄盐酱油等量代换。

薄盐酱油是用钾离子代替了钠离子，降低了咸度。所以平时用多少分量的酱油，就要用多少分量的薄盐酱油等量代换，不要再按口味调味。

⑤通过观察营养标签判断是否为高盐食品。

生活中钠的来源相当复杂，例如高汤块、鸡精粉等，不一定都来自食盐，所以吃起来不咸不等于钠含量比较少！教大家一个简单的判断法——购物前要看营养成分表。如果营养成分表中钠含量的NRV值比热量大的话，就是高钠产品。

## 豉油

豉油，一般认为是我国的广东广西地区对酱油的称谓，是一种具亚洲特色，用于烹饪的调味料。严格来说，豉油与酱油也还是有区别的。豉油，一定是以大豆（以前是用黑豆）为主要原料，加入水、食盐，经过制曲和发酵，在各种微生物繁殖时分泌的各种酶的作用下，酿造出来的一种液体。这种咸鲜调味品会因国家、地区的不同，工艺的不同以及使用的原料

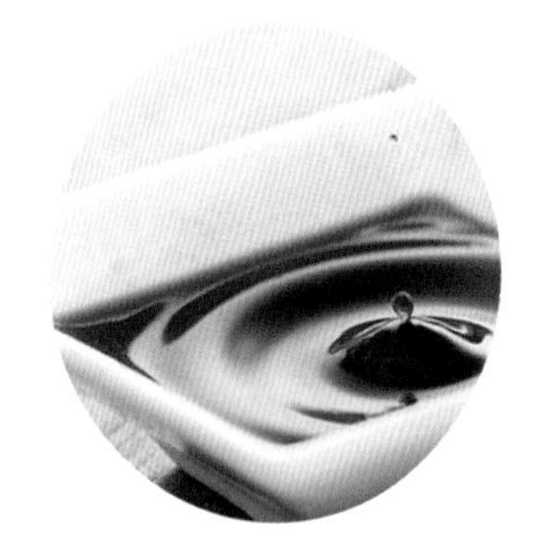

和配料的差异而有不同的风味。

跟酱油一样，氨基酸态氮含量的高低代表着豉油的鲜味程度，其作为豉油等级衡量的标准具有很大的意义，所以大多数企业都在不断地提升公司的配制技术和研发技术，以达到高氨基酸态氮的标准，从而创造更高的商业价值。所以要挑选优质的豉油，也可以通过观察豉油包装标签上的氨基酸态氮含量的高低（标准跟酱油一致）。

## 醋

醋是常用调味品，又被称为食醋、醯、苦酒等，是烹饪中不可或缺的一种液体酸味调味料。传说醋是由古代酿酒大师杜康的儿子黑塔发明的，因黑塔学会酿酒技术后，觉得酒糟扔掉可惜，由此不经意酿成了“醋”。我国著名的醋有山西老陈醋、镇江香醋、河南老鳖一特醋、天津独流老醋、保宁醋、红曲米醋。醋的种类繁多，促成了同种商品不同价值的局面，为什么食醋的价格会有这么大的差异呢？按照国家标准的要求，食醋的产品标签上应标明总酸含量。总酸含量是食醋产品的一种特征性指标，其含量越高说明酸味越浓。一般来说，食醋的总酸含量（体积分数）≥ 3.5g/100mL（见右图）。

按照国家标准，食用醋共分为两种，一种是酿造醋，一种是勾兑醋。酿造醋酿造时间长，工序复杂满足不了市场的需求，于是出现了勾兑醋。勾兑醋是以酿造醋为主体与食品添加剂等混合配制而成。陈醋是酿造食醋的一种，是指酿成后，存放和陈化时间较久的醋。陈醋的原料及前期工艺与一般食醋相同，只是经过了陈酿的工序，譬如传统的“夏伏晒和冬结冰”工艺，所以产品含水分少，颜色浓，口味香绵，品质优于其他醋产品。酿造醋要经过 1~2 年陈化时间才能称为“老陈醋”，由于高温与低温交替影响，浓度和酸度会增高，颜色加深，品质更好。那是不是陈醋的陈化时间越久越好呢？也不尽然，毕竟食品的风味是有嗜好性的。

## 鸡精、味精

作为家庭常用调料之一的鸡精、味精，其作用是给各色菜肴提鲜，但味精对人体没有直接营养价值，只能增加食品的鲜味，提升食欲。味精的主成分是谷氨酸钠，谷氨酸是组成蛋白质的 20 种氨基酸之一，广泛存在于生物体内。但是，被束缚在蛋白质中的谷氨酸不会对味道产生影响，只有游离的谷氨酸才会呈现谷氨酸盐的状态，而产生“鲜”味。在含有水解蛋白的食物中天然存在谷氨酸钠，比如酱油是水解蛋白质得到的，其中的谷氨酸钠含量在 1% 左右，而奶酪中还要更高一些。有些水解的蛋白质，比如水解蛋白粉或者酵母提取物，其中的谷氨酸钠含量甚至高达 5%以上。还有一些蔬菜水果，也天然含有谷氨酸钠，比如葡萄汁、番茄酱、豌豆，都含有百分之零点几的谷氨酸钠。当今市售的味精是高度纯化的发酵产物，我国国家标准要求谷氨酸钠含量至少为 80%，而高纯度味精则要求在 99%以上。关于味精的安全性问题，在国际也一度引起争议。美国 FDA、美国医学协会、联合国粮农组织和世卫组织的食品添加剂联合专家委员会（JECFA）、欧盟委员会食品科学委员会（EFSA）都对味精进行过评估和审查。JECFA 和 EFSA 都认为味精没有安全性方面的担心，因此“没有限制”其在食品中的使用。美国 FDA 的一份报告认为“有未知比例的人群可能对味精有所反应”，但是针对一般人群，他们赞同 JECFA 的结论。

鸡精的主要成分还是谷氨酸钠，只是味精是单一的谷氨酸钠，而鸡精是一种复合调味料，鸡精中的谷氨酸钠含量在 40%左右。鸡精中除了谷氨酸钠之外，还有淀粉（用来形成颗粒状）、增味核苷酸（增加鲜味）、糖、其他香料等。增味核苷酸跟谷氨酸钠混合之后，所产生的鲜味的效果会大大提高，这就是所谓的“协同作用”。严格来说，鸡精应该有一些来自鸡的成分，比如鸡肉粉、鸡油等。但是，由于鸡的成本比较高，厂家为了降低成本，也可能完全不用鸡的成分。我们买到的鸡精中是否含有鸡的成分，可以从产品包装来进行判断。

配料表：食用盐，谷氨酸钠，白砂糖，淀粉，鸡肉粉，大豆蛋白，食用香精，5'-呈味核苷酸二钠，二氧化硅，鸡油，酵母抽提物，香辛料，维生素E。
产品标准号：SB/T 10415
生产日期：见封口　保质期：18个月
产地：广东省佛山市
贮存条件：置于阴凉干燥处，开封后密封保存
委托方：佛山市海天调味食品股份有限公司
生产许可

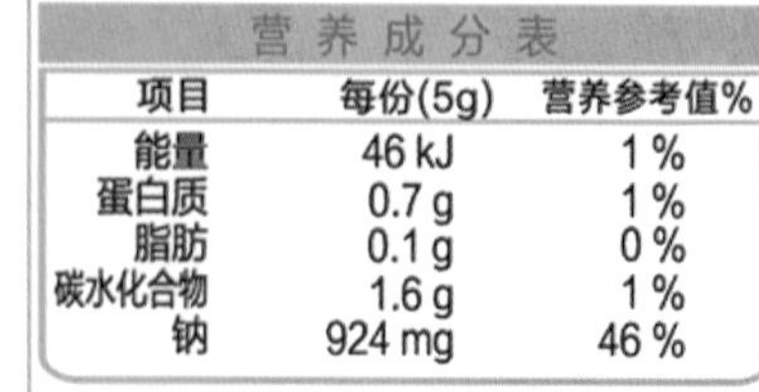

营养成分表

| 项目 | 每份(5g) | 营养参考值% |
| --- | --- | --- |
| 能量 | 46 kJ | 1 % |
| 蛋白质 | 0.7 g | 1 % |
| 脂肪 | 0.1 g | 0 % |
| 碳水化合物 | 1.6 g | 1 % |
| 钠 | 924 mg | 46 % |

## 如何从包装甄选调味酱料——以 XO 酱为例

XO 酱，这个名字对大多数人来说不算熟悉。之所以称为 XO 酱，是有原因的。20 世纪七八十年代的香港经济蓬勃发展，各种欧美名酒在这时被引入香港，其中包括法国的干邑白兰地。白兰地是一种蒸馏葡萄酒，其出产等级与贮存在木桶中陈酿的时间有关，陈酿在木桶中的时间越长，品质便越高。而 X.O 是指“ExtraOld”，最少要贮存在木桶 10 年。由于 X.O 等级的干邑白兰地产量少，所以价格昂贵，因此在香港，X.O 便引申出高级和奢侈的含意，而这种酱料正是在这个时期于香港出现，使用“XO”命名便能表达高价优质的酱料的含义。这便是 XO 酱名字的由来。XO 酱的原料没有一定标准，但主要包括瑶柱、虾米、金华火腿及辣椒等，味道鲜中带辣。在澳大利亚的悉尼，由于当地对进口食物的限制，促使当地华人就地取材来炮制 XO 酱，他们使用三文鱼来取代瑶柱和虾米，但意外地发现这种独特的风味亦很好。而事实上，XO 酱在全世界的中华料理界开始普及后，各家餐馆所制作的 XO 酱有所不同，当中的配方亦成为各餐馆的商业秘密。市场上出售的 XO 酱是标准化生产的，其区别在于本身酱料所使用的原材料，所以我们可以根据 XO 酱食品标签上的原料来挑选。

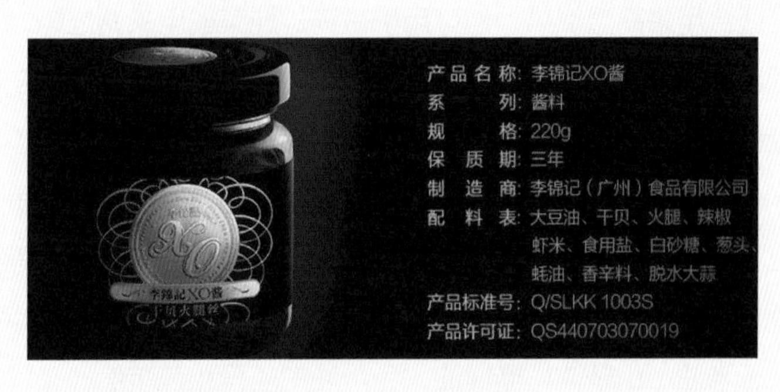

# 二、通过包装选购食用油

根据国家相关标准，除了橄榄油和特种油脂之外，食用油（大豆油、玉米油、花生油等）按照其精炼程度，一般分为四个等级，四级精炼程度最低，一级精炼程度最高。不同级别的食用油各项成分和质量的限定值不同，在用途上也有所区别。一级油和二级油的精炼程度较高，有害成分含量较低。经过了脱胶、脱酸、脱色、脱臭等过程，具有无味、色浅、烟点高、炒菜油烟少、低温下不易凝固等特点。精炼的过程同时流失了很多营养成分，如菜油中的芥子甙等已被脱去，如大豆油中的胡萝卜素在脱色的过程中就会流失。三级油和四级油的精炼程度较低，只经过了简单脱胶、脱酸等程序。其色泽较深，烟点较低，在烹调过程中油烟大，大豆油中甚至还有较大的豆腥味。由于精炼程度低，三、四级食用油中杂质的含量较高，但同时也保留了部分胡萝卜素、叶绿素、维生素 E 等营养成分。

其实无论是一级油还是四级油，只要符合国家卫生标准，就不会对人体健康产生危害，消费者可以放心选用。一、二级油的纯度较高，杂质含量少，可用于较高温度的烹调，如炒菜等，但也不适合长时间煎炸；三、四级油不适合用来高温加热，但可用于做汤、炖菜或用来调馅等。消费者可根据自己的烹调需要和喜好进行选择。现在市售的食用油，在其包装标签上都有等级标注。是不是挑选一级的食用油就一定好呢？答案是否定的，一级油在精炼的同时也流失了许多营养物质，在营养物质的丰富程度上，一级、二级食用油还比不上三级、四级食用油。除去等级标识，食用油的原料也是重要的鉴定标准。接下来，我们分别阐述大豆油、调和油、玉米油、山茶油、橄榄油、色拉油的差异和包装信息。

## 大豆油

大豆油取自大豆种子，是世界上产量最多的油脂。大豆油中含有油酸、亚油酸、亚麻酸和维生素 E。亚油酸是人体必需的脂肪酸，具有重要的生理功能。幼儿缺乏亚油酸，皮肤会变得干燥，鳞屑增厚，发育生长迟缓；老年人缺乏亚油酸，会引起白内障及心脑血管病变。从不饱和脂肪酸种类和含量的营养学角度来看，大豆油其实是优于花生油的。

## 调和油

通俗地讲，调和油就是几种食用油混合在一起，又称高合油。调和油澄清、透明，可作熘、炒、煎、炸或凉拌用油，一般选用精炼大豆油、菜籽油、花生油、葵花籽油、棉籽油等为主要原料，还可配有精炼过的米糠油、玉米胚油、油茶籽油、红花籽油、小麦胚芽油等特种油脂。其加工过程是：根据需要选择上述两种以上精炼过的油脂，再经脱酸、脱色、脱臭，调和成为调和油。调和油的保质期一般为 12 个月。食用调和油目前只有企业标准，有以下几种类型：

①营养调和油（或称亚油酸调和油），以向日葵油为主，配以大豆油、玉米胚油和棉籽油，调至亚油酸含量（体积分数）60%左右、油酸含量（体积分数）约 30%、软脂酸含量（体积分数）约 10%。

②经济调和油，以菜籽油为主，配以一定比例的大豆油，其价格比较低廉。

③风味调和油，就是将菜籽油、棉籽油、米糠油与香味浓厚的花生油按一定比例调配成“轻味花生油”，或将前三种油与芝麻油以适当比例调和成“轻味芝麻油”。

④煎炸调和油，用棉籽油、菜籽油和棕榈油按一定比例调配，制成含芥酸低、脂肪酸组成平衡、起酥性能好、烟点高的煎炸调和油。

从上述类型来看，调和油的营养价值也不差，但是由于市售调和油的组成油料由三四种到八九种不等，包装上对构成油料的名称标注得比较详细，却很少在标签上标注各种油料的含量比例，这就令消费者产生疑惑。由于没有标明各种原料油成分比例，平常在购买调和油的时候，“品牌”成为消费者判断品质高低的重要依据，甚至有不少消费者由于担心调和油中掺杂了一些饱和度比较高的油脂而拒绝购买调和油。

## 玉米油

玉米油亚油酸含量丰富，是医药工业上制造脉通、益寿宁等药品的原料。用玉米胚芽榨油始于美国，玉米油是一种高品质的食用植物油，它含有 86%的不饱和脂肪酸，其中 56%是亚油酸，人体吸收率可达 97%以上。它还含有丰富的维生素 E，维生素 E

是一种天然抗氧化剂，在很多含油食品中为了防止脂肪氧化还要专门加入维生素 E。维生素 E 含有的谷固醇及磷脂，有防止衰老的功效，可降低人体内胆固醇的含量，增强人体肌肉和心脏、血管系统的机能，提高机体的抵抗能力。

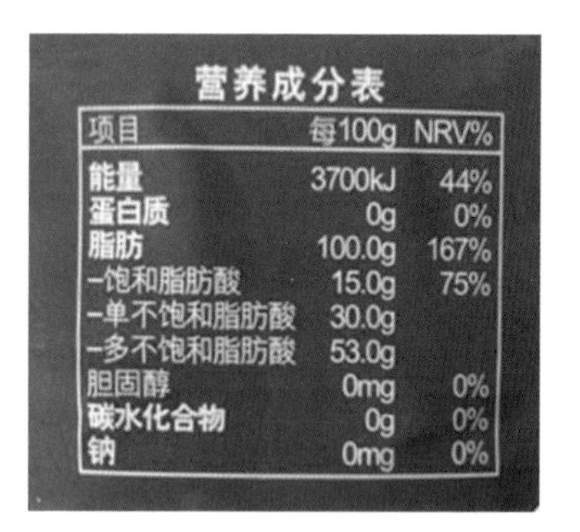

营养成分表

| 项目 | 每100g | NRV% |
| --- | --- | --- |
| 能量 | 3700kJ | 44% |
| 蛋白质 | 0g | 0% |
| 脂肪 | 100.0g | 167% |
| -饱和脂肪酸 | 15.0g | 75% |
| -单不饱和脂肪酸 | 30.0g | |
| -多不饱和脂肪酸 | 53.0g | |
| 胆固醇 | 0mg | 0% |
| 碳水化合物 | 0g | 0% |
| 钠 | 0mg | 0% |

## 山茶油

山茶油又名高山茶油、野山茶油、月子油、长命油等，多产于我国南部。因为其不饱和脂肪酸（体积分数）在 90%以上，且不含芥酸，所以食用山茶油有利于减肥、降血脂，防止血管硬化等。山茶油的另一优异之处是不易受剧毒致癌物质——黄曲霉毒素 $B_1$ 的污染，而花生油及其他草本植物油则易受其污染。

## 橄榄油

橄榄油是世界上最重要、最古老的油脂之一。地中海沿岸国家的人们广泛食用这种油脂。橄榄油取自常绿橄榄树的果实。整粒果实含油 35%~70%（干基），其果肉含油 75%以上。橄榄油的颜色与制油工艺密切相关，优质的橄榄油只能用冷榨法制取，并且需要从低压到高压分道进行，低压头道所得的橄榄油无须精炼，即可食用。油脂呈淡黄绿

营养成分表

| 项目 | 每100g | NRV% |
| --- | --- | --- |
| 能量 | 3700kJ | 44% |
| 蛋白质 | 0g | 0% |
| 脂肪 | 99.9g | 167% |
| ——反式脂肪酸 | 0g | |
| 碳水化合物 | 0g | 0% |
| 钠 | 0mg | 0% |

色，具有特别温和令人喜爱的香味和滋味，并且酸值低（通常为 0.2~2.0），在低温（接近于 10℃）时仍然透明，因此低压头道橄榄油是理想的凉拌用油和烹饪用油。橄榄油的色泽随榨油机压力的增加而加深：浅黄、黄绿、蓝绿、蓝至蓝黑色。色泽深的橄榄油酸值高，当酸值大于 3 时，油味变浓并带有刺激性，深色橄榄油比重增大，不宜食用。如果浅色橄榄油的相对密度大于 0.918 时，说明掺杂有其他油脂。橄榄油具有较低的碘值，当温度降低到 0℃时还能保持液体状态。橄榄油中含有 700mg/100g 油以上的天然抗氧化剂——三十碳六烯（角鲨烯），橄榄油的纯度可依角鲨烯的含量来确定。加之橄榄油中高度不饱和脂肪酸的含量少，所以其储藏稳定性较高。

## 色拉油

色拉油是指各种植物原油经脱胶、脱色、脱臭等加工程序精制而成的高级食用植物油。主要用作凉拌或酱、调味料的原料油。市场上出售的色拉油主要有大豆色拉油、油菜籽色拉油、米糠色拉油、棉籽色拉油、葵花子色拉油和花生色拉油。色拉油一般不含致癌物质黄曲霉毒素。

在家庭烹饪中，可按照以下依据使用食用油。

（1）炒菜（快炒）：熟菜籽油、花生油、葵花籽油、各种调和油。它们抗热能力稍强，可用在一般炒菜中，但不宜“过火”，也不适宜油炸。

（2）凉拌：初榨橄榄油、茶籽油、芝麻油、胡麻油、小麦胚芽油等。除精炼橄榄油可炒菜以外，其他几种完全不适用于炒菜或高温烹饪，凉拌才能将其营养吸收。

（3）炖煮：大豆油、玉米油、葵花籽油。这类油亚麻酸特别丰富，难凝固，耐热性差，最好用于低温烹调。

（4）高温油炸：椰子油、棕榈油、猪油（各类动物油均可）。

# 三、通过包装选购主食（米、面）

## 大米

大米是稻谷经清理、砻谷、碾米、成品整理等工序后制成的成品。市售大米分以下几种：

（1）籼米：籼米由籼型非糯性稻谷制成，米粒一般呈长椭圆形或细长形。根据籼米的收获季节，分为早籼米和晚籼米两种。

（2）粳米：粳米由粳型非糯性稻谷制成，米粒一般呈椭圆形。根据粳米的收获季节，分为早粳米和晚粳米两种。

（3）糯米：糯米由糯性稻谷制成，乳白色，不透明，也有呈半透明，黏性大，分为籼糯米和粳糯米两种。籼糯米由籼型糯性稻谷制成，米粒一般呈长椭圆形或细长形；粳糯米由粳型糯性稻谷制成，米粒一般呈椭圆形。

（4）有机大米：有机大米指的是栽种稻米的过程中，使用天然有机的栽种方式，完全采用自然农耕法种出来的大米。有机大米必须是种植改良场推荐的良质米品种，而且在栽培过程中不能使用化学肥料、农药和生长调节剂等。有机大米使用的肥料一定是有机肥，对土地有严格要求，才可以达到完全没有污染。再加上完全专用的优良碾米机械设备，

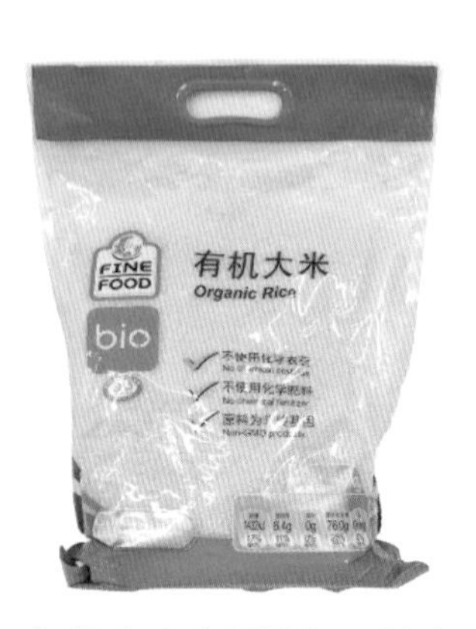


才可以达到香、黏和无怪味的高品质效果。

我国现行国家标准规定，根据垩白粒率、直链淀粉含量、食味品质、胶稠度、不完善粒以及异品种粒等指标将稻谷分为一级、二级、三级三个等级。其中可直接肉眼辨识的就是垩白粒率，一级优质米垩白粒率在10%以下，二级在11%~20%，三级在21%~30%，垩白粒率在30%以上为劣质米。各类大米主要按加工精度划分等级。加工精度是指糙米加工成白米时的去皮程度。不同等级的大米，加工时的去皮程度不同。国标GB/T 1354—2009将各类大米分为四个等级。

就加工精度而言：

（1）一级：背沟无皮，米胚和粒面皮层去净的占90%以上。

（2）二级：背沟有皮，米胚和粒面皮层去净的占85%以上。

（3）三级：背沟有皮，粒面留皮不超过1/5的占80%以上。

（4）四级：背沟有皮，粒面留皮不超过1/3的占75%以上。

各类大米的等级划分还要参考下列指标：

①不完善粒：包括未成熟粒、虫蚀粒、病斑粒、生霉粒、完全未脱皮的糙米粒。

②杂质：包括糠粉、矿物质（砂石、煤渣、砖瓦及其他矿物质）、带壳稗粒、稻谷粒、其他杂质等。需引起注意的是，大米主要的营养物质其实是在其外壳，所以加工精度越大，营养的损失率也就越大。优质大米口感好往往是以牺牲大米营养物质为前提的。

## 面粉

面粉是一种由小麦磨成的粉末。按面粉中蛋白质含量的多少，可以分为高筋粉、中筋粉、低筋粉及无筋粉。面粉（小麦粉）是中国北方大部分地区的主食。以面粉制成的食物品种繁多，花样百出，风味迥异。所以在面粉的选购上，大多是根据面粉的用途来进行选择。选购依据如下表所示。

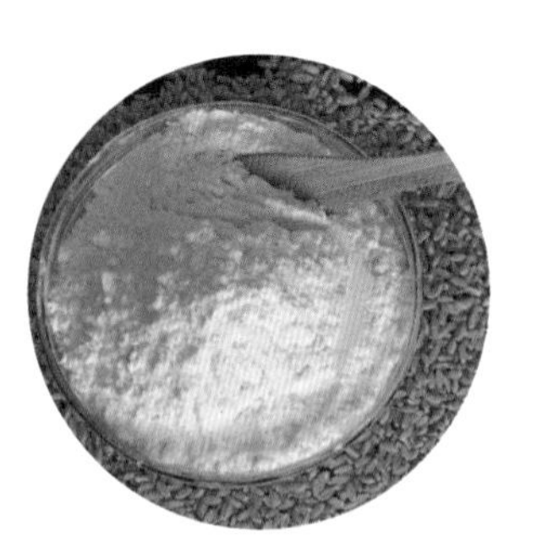

| 类型 | 蛋白质质量分数（%） | 用途 |
| --- | --- | --- |
| 高筋粉 | 10.5~13.5 | 面包 |
| 中筋粉 | 8.0~10.5 | 面条、点心 |
| 低筋粉 | 6.5~8.5 | 点心、菜肴 |

选择面粉的时候，消费者从包装得到的信息首先是“筋度”信息，包括“高筋粉、中筋粉和低筋粉”等不同产品的分类；其次是表示面粉纯度的等级；最后是营养标签上面“矿物质、粗蛋白”等含量的标识。很多人在购买面粉的时候会误以为“高筋粉 = 高精粉”，其实“高精”的意思简单说就是高级精制，它只表示小麦的加工工艺和程度，并不能说明面粉的“筋度”，所以“高级精制”的可能是高筋粉，也可能是低筋粉，可能是特等粉，也可能是二等粉。由此看来，“高精”的说法其

实是不科学的，至少不是行业标准用语，所以，建议消费者在选购面粉时，首先应该注意的是面粉的小麦蛋白含量，即筋度，而非“高级精制”这样的字眼。

以下对几种面粉进行简单介绍。

（1）高筋粉：颜色较深，本身较有活性且光滑，手抓不易成团状；比较适合用来做面包以及部分酥皮类起酥点心，比如丹麦酥。在西点中多用在松饼（千层酥）和奶油空心饼（泡芙）中，适合制作水果蛋糕。

（2）中筋粉：颜色乳白，筋度介于高筋、低筋粉之间，体质半松散；一般中筋粉的包装上都会提到，适合用来制作包子、饺子、馒头、面条等。需要注意的是，一般市售面粉的产品包装上面无特别说明的，都可以视作中筋面粉。

（3）低筋粉：颜色较白，用手抓易成团；低筋粉的蛋白质含量低，麸质也较少，因此筋性亦弱，比较适合用来做蛋糕、松糕、饼干以及挞皮等需要蓬松酥脆口感的西点。

（4）有机面粉：有机面粉是指来自有机农业生产体系，根据有机农业生产要求和相应标准生产加工，并且通过合法的有机食品认证机构认证的农副产品。有机产品的标志如右图。

# 四、通过包装选购饮用水

本书中所指的饮用水是指经过加工的，可以不经处理、直接供给人饮用的产品。人们常把各种饮用水产品统统用“矿泉水”来指代。这两者实际上是前者包含后者的关系，即“矿泉水”仅是饮用水中的一类产品，也是一种特殊的饮用水。饮用水包括干净的天然泉水、冰川水、河水和湖水，也包括经过处理的矿泉水、纯净水等。饮用水有瓶装水、桶装水等形式。

## 矿泉水

矿泉水是指从地下深处自然涌出的或经人工发掘的未受污染的地下矿水；含有一定量的矿物盐、微量元素或二氧化碳气体；在通常情况下，其化学成分、流量、水温等指标在天然波动范围内相对稳定。由于水中含有一定数量的特殊化学成分、有机物和气体，或者具有较高的温度（超过 20℃），所以具备一定的生理作用。

矿泉水产品可按不同的标准分类。

（1）按国家标准分类。

按矿泉水特征组分达到国家标准的主要类型分为以下九大类：①偏硅酸矿泉水，②锶矿泉水，③锌矿泉水，④锂矿泉水，⑤硒矿泉水，⑥溴矿泉水，⑦碘矿泉水，⑧碳酸矿泉水，⑨盐类矿泉水。

（2）按矿化度分类命名。

矿化度是单位体积中所含离子、分子及化合物的总量。矿化度＜500mg/L为低矿化度，500~1500mg/L为中矿化度，＞1500mg/L为高矿化度。矿化度＜1000mg/L为淡矿泉水，＞1000mg/L为盐类矿泉水。

（3）按矿泉水的pH值分类。

酸碱度也称pH值，是水中氢离子浓度的负对数值，是酸碱度的一种代表值。根据GB/T14157—1993《水文地质术语》的定义，可分为以下三类。

| pH值 | ＜6.5 | 6.5~7.2 | 7.5~10 |
|---|---|---|---|
| 类型 | 酸性水 | 中性水 | 碱性水 |

（4）按阴阳离子分类命名。

以阴离子为主分类，以阳离子划分亚类，阴阳离子毫克当量＞25%才参与命名。

①氯化物矿泉水，有氯化钠矿泉水、氯化镁矿泉水等。

②重碳酸盐矿泉水，有重碳酸钙矿泉水、重碳酸钙镁矿泉水、重碳酸钙钠矿泉水、重碳酸钠矿泉水等。

③硫酸盐矿泉水，有硫酸镁矿泉水、硫酸钠矿泉水等。

## 从外包装选购矿泉水的方法

合格的矿泉水饮用时应无异味、杂味。含钠较高的矿泉水略带咸味，含钙镁较高的带有涩味，含二氧化碳较高的矿泉水具有独特的“刹口感”。

优质的矿泉水多用无毒塑料瓶包装，造型美观，印刷精美；瓶盖用扭断式塑料防伪盖，有的还带防伪内塞；表面印有彩色全贴商标。商品名称、厂址、生产日期齐全，标签写明矿泉水中各种微量元素及含量，有的还标明检验、认证单位名称。优质的矿泉水价格不菲，需要注意以下几点：

（1）看标签是否符合食品标签标注要求，看有无产品名称、水源地、溴酸盐的含量、注册商标、日期等内容，如不全则不宜选购。

（2）看瓶盖是否完好、平整，将瓶子倒过来观察是否有漏水现象。

（3）看瓶内的内容物是否有其他颜色或絮状物的沉淀，如果存在这类现象则不宜选购。

（4）选购矿泉水时应特别关注的还有矿泉水的瓶底，在这最不起眼的地方蕴藏着关于这款矿泉水的重要信息。

如右图所示，位于矿泉水瓶底部的标志，这个标志在本书的第三章已经见过，代表着包装材料是PET（聚对苯二甲酸乙二醇酯），用于常见矿泉水瓶、碳酸饮料瓶等。升温至70℃时易变形，有对人体有害的物质融出。这种塑料制品使用10个月后，可能释放出致癌物增塑剂（邻苯二甲酸二乙酯DEHP）。所以矿泉水瓶不能放在汽车内晒太阳，也不要装酒、油等物质！

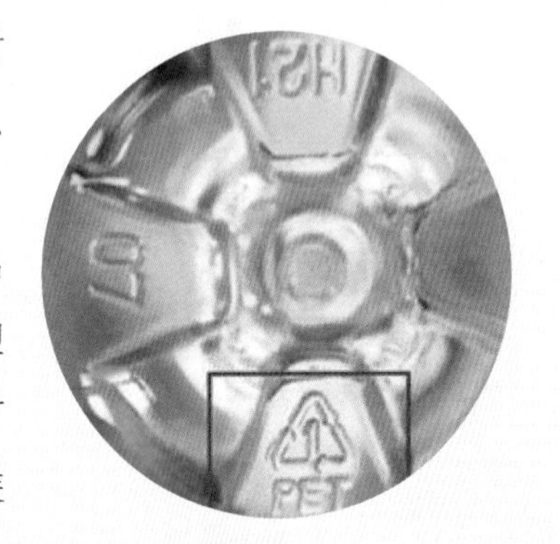

# 五、通过包装选购饮料

本书中讲的饮料一般指市售各种饮料产品，是经过定量包装的供人饮用的液体。饮料可分为含酒精饮料和无酒精饮料，也可以分为固体饮料、液体饮料和半固体饮料（冰淇淋）。无酒精饮料曾经被称为“软饮料”，即前面提到的乙醇含量（体积分数）不超过0.5%的液体饮品。酒精饮料指供人们饮用且乙醇含量（体积分数）在0.5% ~65%的饮品，包括各种发酵酒、蒸馏酒及配制酒。

## 碳酸饮料

碳酸饮料是将二氧化碳气体和各种不同的香料、水分、糖浆、色素等混合在一起而形成的气泡式饮料，如可乐、汽水等。其主要成分包括：碳酸水、柠檬酸等酸味剂、白糖等调味剂、香精香料等食品添加剂，有些饮料还含有咖啡因。购买碳酸饮料时应重点关注该饮料包装上的营养成分表和添加剂等信息。

如通过对两个不同品牌的碳酸饮料包装上的营养成分表的对比，消费者可以根据碳水化合物（糖）含量和钠含量的高低进行区分和选购。虽然碳酸饮料的口感都是以清凉的口感为主，但是其配料成分的含量差异的确会影响人们的身体健康，还须引起注意，尤其要关注营养成分表中碳水化合物的含量和钠的含量，以免摄入热量过多或者摄入钠离子过多。

## 果（蔬）汁饮料和果味饮料

果（蔬）汁饮料通俗来讲就是用水和果（蔬）汁及其他食品添加剂混合而成的饮料产品。相关国家标准规定，果（蔬）汁饮料中的果（蔬）汁成分含量（体积分数）不得低于10%。由于成本的原因，市面上绝大多数果（蔬）汁饮料的果（蔬）汁含量（体积分数）都在10%左右，只有极少数品种的含量（体积分数）高于10%。除了10%的果（蔬）汁成分外，其主要的配料就是水。但大量的水会冲淡果（蔬）汁的风味和口感，所以生产商一定要添加相应的食品添加剂（着色剂、酸味剂、甜味剂、增稠剂、香精等）来补足风味和“改善”口感，所以果（蔬）汁饮料的包装上的配料表是消费者应该关注的重点。

果味饮料是指有水果风味的饮料。果味饮料中可以不含任何真实水果成分，完全采用“水＋食品添加剂”的模式调配，果味饮料的配料一般为水和食品添加剂（着色剂、酸味剂、甜味剂、增稠剂、香精等）。为了让消费者“明明白白消费”，我国规定这种饮料必须在包装上标明“果味饮料”，但商家往往把这几个字眼标注在最不起眼的位置，所以很多消费者并没有注意到这个事实，还有很多消费者误以为果味饮料也是果汁。众所周知，大量摄入食品添加剂会影响人的智力发育，伤害呼吸系统及消化系统，尤其会给儿童的生长发育带来各种危害。所以我们在选购饮料时，一定要细看饮料包装标签的配料表，尽量选购食品添加剂种类和含量少的饮料，最好不要给儿童喝饮料。果汁饮料和果味饮料包装的区别如下图。

蓝莓汁产品参数

**产品名称**：蓝莓果汁　　**果汁含量**：≥45%
**产品规格**：250ML*6瓶　　**净含量**：248ML
**保质期**：18个月
**产品配料**：饮用水、蓝莓、白砂糖、蜂蜜
**食用方法**：开瓶即饮，少量沉淀属正常、摇匀饮用
**贮存条件**：阴凉干燥、通风保存

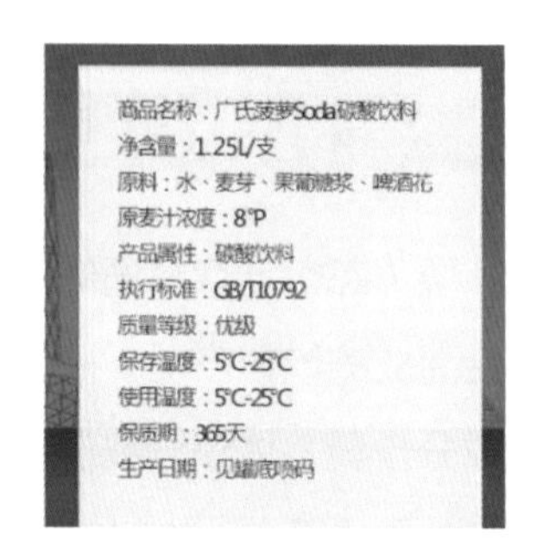


## 酒精饮料

酿造酒是原料经发酵后，在一定容器内经过一定时间的窖藏而产生的含酒精饮品。酿造酒的酒精含量一般不高，不超过百分之十几。这类酒主要包括葡萄酒、啤酒和米酒。

### 1. 葡萄酒

葡萄酒是典型的果酒，以新

鲜葡萄或葡萄汁为原料，经全部或部分发酵而成，酒精度等于或大于7.0%（体积分数）。依据葡萄酒制造过程的不同，可分成一般葡萄酒、气泡葡萄酒、酒精强化葡萄酒和混合葡萄酒等四种。消费者日常饮用的葡萄酒有红葡萄酒、干红葡萄酒、白葡萄酒、干白葡萄酒和桃红葡萄酒。

从包装选购葡萄酒的依据是看商品的卷标（即包装标签），葡萄酒的卷标又称为“étiquette”（法文，意为许可证），如同人们的履历表一样。在懂得葡萄酒的人们之间，流传着“只要看了卷标，就知道它的味道了”的说法，卷标上确实透露着关于葡萄酒味道（特色）的信息。一般卷标上通常会标示：①葡萄收成的年份；②葡萄酒的酒名（以产地或酒庄名命名）；③生产国或生产地；④庄园地名；⑤生产者（造酒者）名；⑥容量、酒精浓度。

卷标依设计者的设计，有各种不同的样式，所以信息所书写的位置也不同。酒标签（wine label）相当于酒的身份证，包括酒庄的名称、酒的名字、葡萄酒的品种、酒的容量、酒精度、出品国家、葡萄生长的年份、在哪里封装入瓶等信息。图案多为酒庄的标志，特别是封建时代所流传下来的贵族标志、皇室御用标志或者是酒庄的风景与建筑物等。

关于酒精度：按照国际葡萄酒组织的规定，葡萄酒酒精度数不能低于8.5°。通常，17~18g/L的糖分可转为1°酒精，即1L葡萄汁发酵要获得1°的酒精度，则必须有

17~18g 的糖分，对于白葡萄酒来说需要 17g，而红葡萄酒因为带皮发酵或其他损耗，则需要高一点的含糖量，即 18g。葡萄原料的含糖量高，发酵转化出的酒精度就相应的高，原料葡萄本身含糖量低，则转化出的酒精度就低。那是不是酒精度越高越好呢？当然不是，酒精度过高势必影响葡萄酒的风味与口感，会掩盖葡萄酒的天然芳香，但是酒精度过低则导致葡萄酒口味不足。不过，现在的人们普遍认同低度酒更健康的理念。

关于产地：标签标定的区域越小，葡萄酒的质量越好。例如，标签上只标有“法国葡萄酒”或“勃艮第葡萄酒”，这种酒的品质一定不如在标签上清楚地标出产地为“MEURSAULT”或“VOLNAY”等具体产地的葡萄酒。如果一个城堡或领地被列在葡萄酒标签上，这说明该葡萄酒是产自特定葡萄酒厂的特定类型。有的庄园名称旁边还附带庄园的图案，有的标签上还以较小的字体标明“产区”，这点也很重要，是反映葡萄酒品质的一大依据，国际上对产区的划分是很森严的。

关于年份：葡萄酒年份指的是葡萄采收的年份，它可以在很大程度上影响葡萄酒的风味和质量，主要是因为葡萄植株在生长季节会受到天气的影响。北半球（北美和欧洲）葡萄的生长季节在 4 月至 8 月，南半球（阿根廷、新西兰等）葡萄的生长季节则在 10 月至次年 4 月（葡萄酒年份定在次年）。如果年份只反映一个产区该年的天气状况，那么是什么决定了该年份的好坏？本质上来说，决定一个年份好坏的关键因素在于日照。晴朗的天气可以使葡萄充分成熟，达到最佳成熟度。年份越长的酒不一定就是好的红酒，年份好坏是根据酿造当年的葡萄质量和产地决定的。某产地或者产区的年份好坏是可以查询的。例如，2014 年是意大利葡萄酒品质一流的年份，因此该年份产自西西里岛（Sicily）

和撒丁岛（Sardinia）的葡萄酒极具价值。值得注意的是，也许一个年份对于红葡萄酒来说不是一个好年份，但对于白葡萄酒而言却可能是好年份，因为比其他年份更凉爽的气候赋予了白葡萄酒更脆爽的酸度和更有活力的口感。

关于级别：在葡萄酒市场发展较为规范成熟的国家，有专门的法律规定要标注酒的级别。酒的级别大致分两种：法定庄园级别和庄园内部产品级别。例如法国政府就将入流的酒庄分为一级酒庄、特别酒庄、特别特酒庄。一个庄园想从某级别晋升到更高的一个级别，其审核之严格就像星级饭店晋级一样。庄园内部会根据当年的原料情况、酿制水平等确定该年份的品质是否出众，然后定级。有的酒庄直接在酒标上标出等级，一目了然；有的酒庄则按品质划分品牌，如果该年未能酿出好酒，某品牌就索性不出产，这也是一些著名庄园为保住金字招牌的办法。目前，国内的葡萄酒一般按照不同产区划分，消费者按个人嗜好和品味选择，没有严格的级别之分。

关于原料：酒标下方中央或酒瓶背后的标签会标明酿酒所采用葡萄的品种名称。按一些国家的生产标准规定，在酒标上明示的某品种的葡萄至少要占到 85%。如酿制干红最佳的品种有赤霞珠、梅鹿辄等，干白则有霞多丽（又名查多尼）、雷司令等。

气泡葡萄酒以香槟酒最为著名，并且只有法国香槟地区所生产的气泡葡萄酒才可以被称为香槟酒，而世界上其他地区生产的一般就只能叫气泡葡萄酒。

## 2. 啤酒

啤酒是用麦芽、啤酒花、水和酵母发酵而生产的含酒精的饮品的总称。一般将啤酒分为熟啤酒、生啤酒、鲜啤酒和特种啤酒。熟啤酒是经过巴氏灭菌或高温瞬时灭菌的啤酒。生啤酒和鲜啤酒是不经过热杀菌的啤酒。根据啤酒色泽又可分为淡色啤酒、浓色啤酒、黑色啤酒等。啤酒按发酵工艺分为底部发酵啤酒和顶部发酵啤酒。底部发酵啤酒包括黑啤酒、干啤酒、淡啤酒、窖啤酒和慕尼黑啤酒等十几种，顶部发酵啤酒包括淡色啤酒、苦啤酒、黑麦啤酒、苏格兰淡啤酒等十几类。品牌、产地以及工艺不同的啤酒，其风味有明显区别，原因是原料、工艺以及麦芽度有所不同。根据麦芽汁浓度分类，啤酒分为低浓度型：麦芽汁浓度在6°~8°（巴林糖度计），酒精度为 2%左右，夏季可做清凉饮料，缺点是稳定性差，保存时间较短。中浓度型：麦芽汁浓度在 10°~12°，以12° 为普遍，酒精度在 3.5%左右，是我国啤酒生产的主要品种。高浓度型：麦芽汁浓度在 14°~20°，酒精度为 4% ~5%。这种啤酒的生产周期长，含固形物较多，稳定性好，适于贮存和远途运输。

【品　名】青岛啤酒
【规　格】500ml×12听
【原　料】水、麦芽、大米、啤酒花及制品
【酒精度】≥4.0%
【麦汁度】10.0°
【保质期】365天
【产　地】山东省青岛市

啤酒是具有一定保质期的，因此在选购啤酒的时候一定要多注意啤酒包装上的保质期信息。一般而言，听装的啤酒利于保存和长途物流，所以保存时间相对长一些。瓶装的啤酒相对更为新鲜，国外的啤酒玻璃瓶多为棕色，国产啤酒玻璃瓶多为绿色，选购时要留意玻璃瓶上是否有“防止爆瓶”警示标志。啤酒内含的丰富的气泡使得瓶装啤酒有爆瓶的危险，所以不要购买使用捆扎包装或非 B 字标记*玻璃瓶包装的啤酒，以免发生玻璃瓶爆炸事故。只要注意正确开启、正确搬运和保管，一般而言风险并不大。

## 3. 蒸馏酒

蒸馏酒的制造过程包括原材料的粉碎、发酵、蒸馏及陈酿四个过程，这类酒因经过蒸馏提纯，故酒精含量较高。按制酒原材料的不同，可分为以下几种。

（1）中国白酒。一般以小麦、高粱、玉米等原料经发酵、蒸馏、陈酿制成。中国白酒品种繁多，有多种品类和多种香型，选购时除了品牌还要关注包装上的年份、酒精含量和香型等信息。

（2）白兰地酒。一般指以葡萄为原材料制成的蒸馏酒。其他品种的白兰地酒还有苹果白兰地、樱桃白兰地等。

（3）杜松子酒。人们通常按其英文发音称为金酒或者琴酒、锦酒，是一种加入香料的蒸馏酒。也有人用混合法制造，因而也有人把它列入

* “B”瓶即在啤酒瓶底以上 20mm 范围内打上专有标记“B”，并有生产企业标记、生产的年和季度等标记。“B”瓶的使用期限为两年，“B”瓶的安全性高于非“B”瓶，关键是耐内压力在 120Pa 以上，而非“B”瓶对此则没有限制，如果被碰撞或受力不均等均可能发生爆炸。同时，“B”标明的是啤酒专用瓶，以区分于葡萄酒瓶、酱油瓶、醋瓶等非啤酒专用瓶。

配制酒。

（4）威士忌。是用预处理过的谷物制造的蒸馏酒。这些谷物以大麦、玉米、黑麦、小麦为主。发酵和陈酿过程的特殊工艺造就了威士忌的独特风味。威士忌的陈酿过程通常是在经烤焦过的橡木桶中完成的。不同国家和地区有不同的生产工艺，威士忌酒以苏格兰、爱尔兰、加拿大和美国等四个地区的产品更具美誉度。

（5）伏特加。伏特加可以用任何可发酵的原料来酿造，如马铃薯、大麦、黑麦、小麦、玉米、甜菜、葡萄甚至甘蔗。其最大的特点是不具有明显的香气和味道。

（6）龙舌兰酒。龙舌兰酒是以植物龙舌兰为原料酿制的蒸馏酒。

（7）朗姆酒。朗姆酒主要以甘蔗为原料，经发酵蒸馏制成。一般分为淡色朗姆酒、深色朗姆酒和芳香型朗姆酒。

### 4. 配制酒

配制酒是以酿造酒、蒸馏酒或食用酒精为酒基，加入各种天然或人造的原料，经特定的工艺处理后形成的具有特殊色、香、味、型的调配酒。中国有许多著名的配制酒，如虎骨酒、参茸酒、竹叶青等。外国配制酒种类繁多，有开胃酒、利口酒等。

## 六、通过包装挑选乳制品

乳制品，指的是以牛乳或羊乳及其加工制品为主要原料，加入或不加入其他辅料，按照不同种产品各自的生产规范加工制得的产品。下面用一个表格归纳市面上的常见乳制品。

| 名称 | | 特性 |
|---|---|---|
| 液体乳类 | 杀菌乳 | 以生鲜牛（羊）乳为原料，经过巴氏杀菌处理制成液体产品，经巴氏杀菌后，生鲜乳中的蛋白质及大部分维生素基本无损，但是没有100%地杀死所有微生物，所以杀菌乳不能常温储存，需低温冷藏储存，保质期为2～15天 |
| | 酸乳 | 以生鲜牛（羊）乳或复原乳为主要原料，添加或不添加辅料，使用保加利亚乳杆菌、嗜热链球菌等菌种发酵制成的产品。按照所用原料的不同，分为纯酸乳、调味酸乳、果料酸乳；按照脂肪含量的不同，分为全脂、部分脱脂、脱脂等品种 |
| | 灭菌乳 | 以生鲜牛（羊）乳或复原乳为主要原料，添加或不添加辅料，经灭菌制成的液体产品，由于生鲜乳中的微生物全部被杀死，灭菌乳不需冷藏，常温下保质期为1～8个月 |
| 乳粉类 | 乳粉 | 以生鲜牛（羊）乳为主要原料，添加或不添加辅料，经杀菌、浓缩、喷雾干燥制成的粉状产品。按脂肪含量、营养素含量、添加辅料的区别，分为全脂乳粉、低脂乳粉、脱脂乳粉、全脂加糖乳粉、调味乳粉和配方乳粉 |
| | 配方乳粉 | 针对不同人群的营养需要，以生鲜乳或乳粉为主要原料，去除了乳中的某些营养物质或强化了某些营养物质（也可能二者兼而有之），经加工干燥而成的粉状产品，配方乳粉的种类包括婴儿、老年及其他特殊人群需要的乳粉 |
| 炼乳类 | 炼乳 | 以生鲜牛（羊）乳或复原乳为主要原料，添加或不添加辅料，经杀菌、浓缩制成的黏稠态产品。按照添加或不添加辅料，分为全脂淡炼乳、全脂加糖炼乳、调味/调制炼乳、配方炼乳 |
| 干酪类 | 干酪 | 以生鲜牛（羊）乳或脱脂乳、稀奶油为原料，经杀菌、添加发酵剂和凝乳酶，使蛋白质凝固，排出乳清制成的固态产品 |
| 其他乳制品类 | 干酪素 | 以脱脂牛（羊）乳为原料，用酶或盐酸、乳酸使所含酪蛋白凝固，然后将凝块过滤、洗涤、脱水、干燥而制成的产品 |
| | 乳清粉 | 以生产干酪、干酪素的副产品——乳清为原料，经杀菌、脱盐或不脱盐、浓缩、干燥制成的粉状产品 |

续上表

| 名称 | | 特性 |
| --- | --- | --- |
| 其他乳制品类 | 复原乳 | 又称“还原乳”或“还原奶”，是指以乳粉为主要原料，添加适量水制成与原乳中水、固体物比例相当的乳液 |
| | 发酵乳 | 以生乳为原料添加乳酸菌，经发酵而制成之饮料或食品，大多尚经过调味。发酵乳又称优酪乳，固体状的又称优格。发酵乳中所含的乳酸菌有很多种，其中有一些能在人体肠道中生长繁殖，具有整肠作用，有一些则不能在人体肠道中繁殖，但整体而言，发酵乳中所含蛋白质、矿物质（尤其是钙）、维生素与乳酸，为优质食品，唯一需注意的是其他添加物如糖、香料、色素等是否合格 |
| | 地方特色乳制品 | 使用特种生鲜乳（如水牛乳、牦牛乳、羊乳、马乳、驴乳、骆驼乳等）为原料加工制成的各种乳制品，或具有地方特点的乳制品（如奶皮子、奶豆腐、乳饼、乳扇等）<br>稳定可控奶源基地：系指自建牧场、合建牧场、参股小区及签订购销合同的合法生鲜乳收购站等 |

## 婴幼儿配方乳粉

婴幼儿配方乳粉是一种特殊食品，指以牛乳（或羊乳）为主要原料，加入适量的维生素、矿物质和其他辅料，经加工制成的供婴幼儿食用的产品，也是国家重点监管的食品之一。从 2018 年 1 月 1 日开始，被业界称为“史上最严奶粉新政”的《婴幼儿配方乳粉产品配方注册管理办法》将结束 15 个月的过渡期，此后生产的婴幼儿配方乳粉须取得配方注册证书，并应在产品外包装进行明确标注。从 2018 年开始，国家将进一步加大抽检力度及频次，对婴幼儿配方乳粉实行“月月检”。消费者在选购婴幼儿乳粉时，除了要注意生产日期、保质期和适合年龄段这三个关键信息外，还要注意婴幼儿配方乳粉的营养标签。按国家最新规定，营养标签标识应真实、准确，不得利用字号大小或色差误导消费者；原辅料来源方面，不得使用“进口奶源”“源自国外牧场”“生态牧场”等模糊信息；配料表和营养成分表方面，其标注方式应按照《食品安全国家标准　预包装特殊膳食用食品标签》（GB13432—2013）及其他有关要求进行标示；标签标识应当标注食品生产许可证编号；对按照食品安全标准不应在产品配方中含有的物质，不得以“零添加”“不含有”等字样强调；在功能声称方面，不得明示或者暗示具有益智、增加抵抗力或者免疫力、保护肠道等功能性表述；在标签中不能出现夸大、误导或未经证实的其他方面问题，而且不得使用“人乳化”“母乳化”或近似术语。

营养成分表

| Nutrition | 营养素 | 每100克粉末 | 每100毫升*标准冲调液 | 每100千焦 | 单位 |
|---|---|---|---|---|---|
| Energy | 能量 | 2142 | 285 | 100 | 千焦 |
| | | 512 | 68 | 24 | 千卡 |
| Protein | 蛋白质 | 11.75 | 1.56 | 0.55 | 克 |
| Fat | 脂肪 | 27.52 | 3.66 | 1.28 | 克 |
| Linoleic Acid | 亚油酸 | 3.99 | 0.53 | 0.186 | 克 |
| α-Linolenic Acid | α-亚麻酸 | 421 | 56 | 19.65 | 毫克 |
| Carbohydrate | 碳水化合物 | 53.80 | 7.15 | 2.51 | 克 |
| Vitamin A | 维生素A | 395 | 53 | 18 | 微克视黄醇当量 |
| | | 1317 | 175 | 61 | 国际单位 |
| Vitamin D | 维生素D | 6.73 | 0.90 | 0.31 | 微克 |
| | | 269 | 36 | 13 | 国际单位 |
| Vitamin E | 维生素E | 12.9 | 1.7 | 0.6 | 毫克α-生育酚当量 |
| | | 19.2 | 2.6 | 0.9 | 国际单位 |
| Vitamin $K_1$ | 维生素$K_1$ | 49.3 | 6.6 | 2.3 | 微克 |
| Vitamin $B_1$ | 维生素$B_1$ | 436 | 58 | 20 | 微克 |
| Vitamin $B_2$ | 维生素$B_2$ | 752 | 100 | 35 | 微克 |
| Vitamin $B_6$ | 维生素$B_6$ | 341 | 45 | 16 | 微克 |
| Vitamin $B_{12}$ | 维生素$B_{12}$ | 2.24 | 0.30 | 0.10 | 微克 |
| Niacin | 烟酸 | 4891 | 650 | 228 | 微克 |
| Folic Acid | 叶酸 | 75 | 10 | 3.501 | 微克 |
| Pantothenic Acid | 泛酸 | 3550 | 472 | 165.7 | 微克 |
| Vitamin C | 维生素C | 102.0 | 13.6 | 4.8 | 毫克 |
| Biotin | 生物素 | 22.6 | 3.0 | 1.055 | 微克 |

| Nutrition | 营养素 | 每100克粉末 | 每100毫升*标准冲调液 | 每100千焦 | 单位 |
|---|---|---|---|---|---|
| Sodium | 钠 | 199 | 27 | 9 | 毫克 |
| Potassium | 钾 | 677 | 90 | 32 | 毫克 |
| Copper | 铜 | 384 | 51 | 18 | 微克 |
| Magnesium | 镁 | 38.1 | 5.1 | 1.8 | 毫克 |
| Iron | 铁 | 6.25 | 0.83 | 0.29 | 毫克 |
| Zinc | 锌 | 4.12 | 0.55 | 0.19 | 毫克 |
| Manganese | 锰 | 98 | 13 | 4.575 | 微克 |
| Calcium | 钙 | 414 | 55 | 19 | 毫克 |
| Phosphorus | 磷 | 331 | 44 | 15 | 毫克 |
| Iodine | 碘 | 99.3 | 13.2 | 4.6 | 微克 |
| Chloride | 氯 | 331 | 44 | 15 | 毫克 |
| Selenium | 硒 | 17.8 | 2.4 | 0.8 | 微克 |
| Choline | 胆碱 | 61.0 | 8.1 | 2.8 | 毫克 |
| Inositol | 肌醇 | 27.1 | 3.6 | 1.265 | 毫克 |
| Taurine | 牛磺酸 | 32.4 | 4.3 | 1.513 | 毫克 |
| L-Carnitine | 左旋肉碱 | 9.8 | 1.3 | 0.458 | 毫克 |
| DHA | 二十二碳六烯酸 | 52 | 7 | 2 | 毫克 |
| AA | 二十碳四烯酸 | 105 | 14 | 5 | 毫克 |
| GOS | 低聚半乳糖 | 1.13 | 0.15 | 0.05 | 克 |
| Lutein | 叶黄素 | 86 | 11 | 4 | 微克 |
| Nucleotides | 核苷酸 | 54.2 | 7.2 | 2.5 | 毫克 |
| Beta Carotene | β-胡萝卜素 | 51 | 7 | 2 | 微克 |

婴儿配方奶粉 1 段（0~12 个月）营养成分表示例

## 从包装选购婴幼儿奶粉小贴士

其实所有奶粉配料都可以分为七大类：基础配料、油脂、蛋白质、碳水化合物、维生素、矿物质、特殊添加。

基础配料：也就是做成配方奶粉的最基础原料，包括脱脂牛（羊）奶等，如下图所示。

油脂：牛奶脂肪不适合婴儿，所以牛奶脱脂后要再加入植物油以调整脂肪含量，植物油的组成有多种，其中棕榈油、棕榈液油是比较常见的，棕榈油耐高温、饱和脂肪酸含量高且成本低廉，多用在油炸类零食里，但它是否应该用在婴儿配方奶粉里一直有争议。有研究表明，它在消化时易与钙质结合，形成不溶性钙皂，导致便秘，所以很多年轻的父母在挑选婴幼儿配方乳粉时会因为棕榈油而纠结。很多品牌的奶粉用的都是棕榈油，家长们也不必太担心，但同品质奶粉里选择不含棕榈油的奶粉可能更好，如果含有棕榈油，同时含有益生元就能在一定程度上预防便秘。

蛋白质：由于牛奶蛋白质组成与母乳不同，乳清蛋白比例较低，所以配方奶粉中需要加入乳清蛋白。乳清蛋白可来源于乳清粉或脱盐乳清粉，但最好还是来源于浓缩乳清蛋白和分离乳清蛋白，因为这种蛋白纯度较高，能更好调配出接近母乳的蛋白比例。

碳水化合物：也就是糖类，《食品安全国家标准 婴儿配方食品》（GB10765—2010）中规定，对于乳基婴儿配方食品，首选碳水化合物应为乳糖、低聚半乳糖和葡萄糖聚合物。常见的甜味剂如白砂糖、蔗糖、玉米／葡萄糖浆、麦芽糊精不宜出现在配方里，因为它们属于纯热量糖，营养价值低，有增加肥胖和龋齿的风险。当然，如果是针对乳糖不耐受人群的产品，反而需要用这类糖来代替乳糖。低聚糖类属于益生元，是母乳里的成分，可促进有益菌在肠道内的生长，调节肠道微生态平衡，维护肠道健康，有益食物吸收，是奶粉里被鼓励添加的成分。

维生素和矿物质：配料表后面大部分都是维生素和矿物质，这部分重点看营养成分表里的含量，仅仅看配料表的意义并不大。

特殊添加：除了以上必需营养元素，其他的都属于“特殊添加”。这种特殊添加里不适宜出现的有香兰素、香荚兰豆浸膏（香料类）、单甘油硬脂酸酯（乳化剂）等。这些香精香料虽可改善奶粉的风味，但会影响宝宝的味蕾发育，国家规定 1 段产品禁止添加香料，2 段和 3 段产品可少量添加，建议选择未添加的。建议的特殊添加包括：乳铁蛋白、1,3-二油酸-2-棕榈酸甘油三酯（OPO 结构酯）、二十二碳六烯酸（DHA）、$\alpha$-乳清蛋白、$\beta$-酪蛋白、益生菌、$L$-核苷酸等。这些成分都是为了使产品更加接近母乳，属于有益添加。

接下来看营养成分表，营养成分表要看关键成分的配比。配方奶粉是以母乳为参照而调配的，虽不能与母乳媲美，但可以通过精准调配而与母乳无限接近，我们可以通过查看表格，找到最贴近母乳的营养配比。这个配比为：钙磷比例 2 ∶ 1；二十二碳六烯酸 DHA 和二十碳四烯酸 AA（ARA）比例 1 ∶ 2；亚油酸与 α－亚麻酸的比例为 10 ∶ 1；含有益生菌和益生元（比如双歧杆菌、低聚糖、水苏糖等）。母乳里本就含有益生菌和益生元，可以在奶粉配方里额外添加。

如何通过婴幼儿配方奶粉包装看营养素具体含量呢？

其实不同段数奶粉看含量的意义是不一样的，1 段奶粉是宝宝全部的营养来源，缺乏某一种都会产生严重后果。比如曾经轰动全国的“大头娃娃”事件就是由于奶粉里的蛋白质含量严重不足，导致孩子严重发育不良。很多 1 段奶粉产品的营养成分表几乎没什么区别，说明绝大多数企业对营养含量是谨慎对待的，所以只要来源正规、一般没有问题。2 段、3 段则不同，6 个月以后宝宝可以吃辅食了，很多微量元素都可以从其他食物摄入，需要重点看的是 2 段产品铁的含量，3 段产品的蛋白质和钙的含量。也有人担心包装上配料表的真实性，其实这个大可放心，如果配料表和产品内容不一致，那就属于违法行为。比如如果奶粉里添加了香精，而配料表没写，那么一旦被查实，后果会很严重，正规厂家一般不敢冒这个风险。通常情况下，正规食品的配料表和营养成分表，都是真实的。当然，仅看包装上的配料表和营养成分表还不能断定一款奶粉的质量好坏，还要看奶源以及成品奶粉的色泽、细腻度、口感、溶解度等。配方乳粉就是一道“大杂烩”，用到的原料配料特别多，这些原料配料和加工工艺来自企业对自己品牌的要求以及最终对产品各项指标的检测，从这点看，选择口碑好的大品牌会更有保障。

## 全脂乳粉

全脂乳粉（full cream milk powder）是以牛乳或羊乳为原料，经浓缩、干燥制成的粉（块）状产品。它基本保持了乳中原有营养成分，蛋白质含量不低于24%，脂肪不低于26%，乳糖不低于37%。根据《乳品质量安全监督管理条例》中的第三十三条规定，乳制品的包装应当有标签。标签应当如实标明产品名称、规格、净含量、生产日期，成分或者配料表，生产企业的名称、地址、联系方式，保质期，产品标准代号，贮存条件，所使用的食品添加剂的化学通用名称，食品生产许可证编号，法律、行政法规或者乳品质量安全国家标准规定必须标明的其他事项。

## 脱脂乳粉

脱脂乳粉是先将牛乳中的脂肪经高速离心机脱去，再经过浓缩、喷雾干燥而制成。这类产品脂肪含量一般不超过2.0%，蛋白质不低于32%。脱脂奶粉主要用于加工其他食品，或适于特殊营养需要的消费者食用。脱脂乳粉除脂肪含量之外，其他营养成分变化不大。因其脂肪含量较少，易保存，不易发生氧化作用，所以是制作饼干、糕点、冰淇淋等食品的最好原材料。

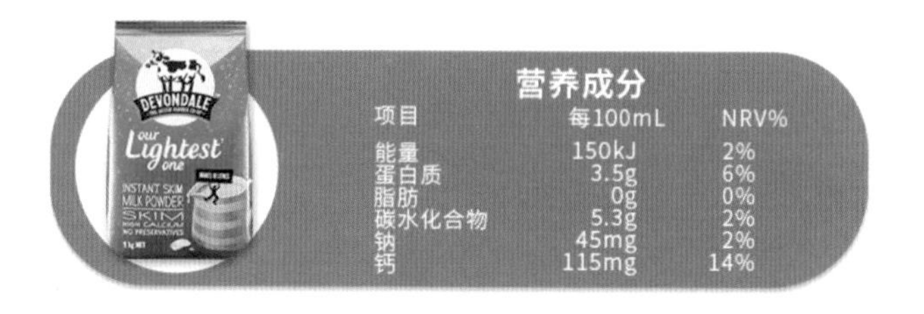


营养成分

| 项目 | 每100mL | NRV% |
| --- | --- | --- |
| 能量 | 150kJ | 2% |
| 蛋白质 | 3.5g | 6% |
| 脂肪 | 0g | 0% |
| 碳水化合物 | 5.3g | 2% |
| 钠 | 45mg | 2% |
| 钙 | 115mg | 14% |

## 从包装选购液态奶的小贴士

现在市售液态奶产品有很多是乳粉“复原”的。我国《乳品质量安全监督管理条例》中规定，使用奶粉、黄油、乳清粉等原料加工的液态奶，应当在包装上注明这些配料；使用复原乳作为原料生产液态奶的，应当标明“复原乳”字样，并在产品配料中如实标明复原乳所含原料及比例。

### 炼乳

炼乳是一种牛奶制品，用鲜牛奶或羊奶经过消毒浓缩制成，甜炼乳的糖含量高达40%左右，所以可贮存较长时间。炼乳可用来做点心、蛋糕、饮料，也可以当甜品酱料蘸着吃。炼乳主要分为两类。

（1）淡炼乳，又被称为淡奶，由于生产时不加糖，故又名无糖炼乳。这种产品对原料乳质量要求特别高，要求原料乳新鲜纯净，酸度低，乳清蛋白含量少。淡炼乳用途很广，大量用作制造冰淇淋和糕点的原料，也可用于冲调咖啡、可可或红茶等。

（2）甜炼乳，是以生乳或乳制品、食糖为原料，经浓缩加工制成的黏稠状产品。每100g甜炼乳中含糖量达40~55g，故保存性好。

## 奶酪

奶酪有很多别名，如干酪或乳酪，或从英文“cheese”直接译为芝士、起士、起司。奶酪是一种发酵的乳制品，以奶类为原料，含有丰富的蛋白质和脂质，乳源包括家牛、水牛、家山羊或绵羊等。在制作过程中通常加入凝乳酶，造成其中的酪蛋白凝结，使乳品酸化，再将固体分离，压制为成品。每 1kg 奶酪制品由 10kg 的鲜奶浓缩而成，含有丰富的蛋白质、钙、脂肪、磷和维生素等营养成分，是纯天然的食品。奶酪是西北地区蒙古族、哈萨克族等游牧民族的传统食品，在内蒙古被称为奶豆腐，在新疆俗称乳饼，完全干透的干酪又叫奶疙瘩。世界上出口奶酪最多的国家是荷兰。

奶酪主要分为以下几类。

### 1. 新鲜奶酪

新鲜奶酪不经过成熟加工处理，直接将牛乳凝固后，去除部分水分而成。其质感柔软湿润，散发出清新的奶香与淡淡的酸味，十分爽口。但储存期短，需尽快食用。

### 2. 白霉奶酪

白霉奶酪表面覆盖着白色的真菌绒毛，食用时可以保持表皮的霉菌，也可以根据口味去除。其质地十分柔软，奶香浓郁。这种奶酪一般不用于做菜。

## 3. 蓝纹奶酪

蓝纹奶酪在青霉素的作用下形成大理石花纹般的蓝绿色纹路，味道比起白霉奶酪来口感浓烈，辛香刺激。需要注意的是，含霉菌的奶酪都不适合儿童食用。

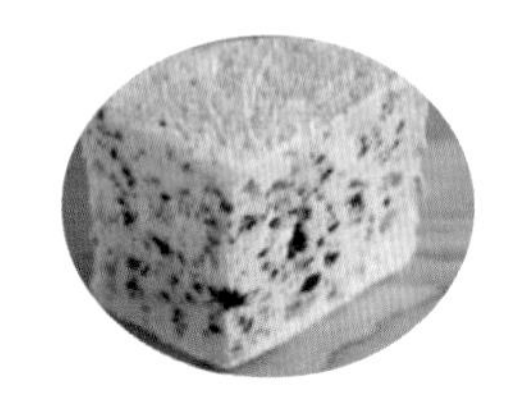

## 4. 水洗软质奶酪

该种奶酪加工时，在奶酪的成熟期，需要用盐水或当地特产酒频繁擦洗，使表面呈橙红色，内部柔软，口感醇厚，香气浓郁。

## 5. 硬质未熟奶酪

硬质未熟奶酪在制造过程中强力加压并去除部分水分。其口感温和顺口，容易被一般人接受。由于它的质地易于溶解，因此常被用于菜肴烹调。

## 6. 硬质成熟奶酪

硬质成熟奶酪在制作时需要挤压和熬煮，质地坚硬，香气甘美，耐人寻味。可以长时间运送与保存。

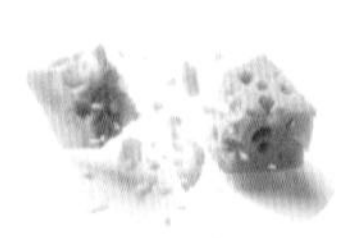

## 7. 山羊奶酪

经典的山羊奶酪的制法与新鲜奶酪制法相同，可新鲜食用或去水后食用。其体积小巧，形状多样，味道略酸。

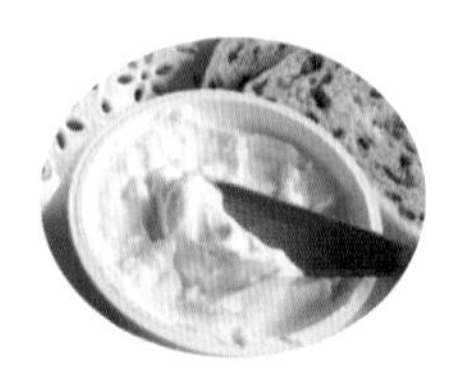

## 8. 融化奶酪

融化奶酪由奶酪团经融化后加入牛奶、奶油或黄油制成。不同产品可以添加不同成分，如香草、坚果等。味道并不浓烈，可以长期保存。

## 9. 奶油奶酪

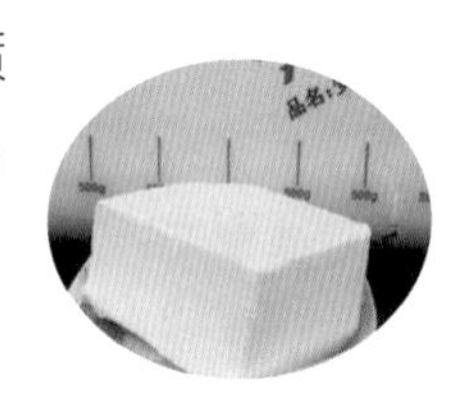

一种未成熟的全脂奶酪，经加工后，其脂肪含量（质量分数）可超过 50%，质地细腻，口味柔和。其色泽洁白，口感微酸，非常适合用来制作奶酪蛋糕。奶油奶酪开封后容易变质，需尽早食用。奶油奶酪脂肪含量很高，不推荐孩子常吃。

按包装选购奶酪的注意事项：

现在不少妈妈注重给孩子食用奶酪，宝宝喝牛奶最大的意义是补充蛋白质和钙，所以吃奶酪的意义更是补充蛋白质和钙。宝宝可能喝不下很多牛奶，但能轻松吃到不少的奶酪。按 10kg 牛奶生产 1kg 奶酪来算，吃一块 10g 的奶酪几乎等同于喝下 100mL 牛奶。不过，奶酪也不是完美的食品，因为奶酪在制作过程中不可避免地要加盐，才能更好保存（无盐奶酪也有，但是非常非常少，其对储存要求很高）。按照幼儿 1 岁以后才能吃盐的常规推荐，奶酪也是建议至少 1 岁以后再吃。有的“再制奶酪”的包装上明确说明“适合 36 个月以上”。奶酪是牛奶的浓缩物，加工过程越简单越好，添加剂越少越好，所以第一步就是摒弃“再制奶酪”，选择“原制奶酪”。既然吃奶酪是为了补充蛋白质和钙，那么蛋白质和钙的含量必然越高越好；既然奶酪的制作过程都加了盐，那么钠的含量要越低越好。所以，从包装选择奶酪的原则就是：①选择“原制奶酪”；②蛋白质、钙含量越高越好，钠含量越低越好。

## 如何辨别是“再制奶酪”还是“原制奶酪”？

有两种方法，一、所有“再制奶酪”的外包装都有标注“再制”二字，只是有的标注得明显，有的不够明显，但是认真看都能找到。二、看配料表，配料表密密麻麻一长串，且“干酪”本身就出现在配料表里的，必是“再制奶酪”无疑。下图这款奶酪就是再制的奶油奶酪，其脂肪含量应该非常高。

而“原制奶酪”的配料表里只有奶（首选巴氏消毒奶）、盐、菌、凝乳酶这几种。

选好“原制奶酪”后，再对比营养成分表里的蛋白质、钙和钠的含量，尽量选蛋白质、钙含量高的，而钠含量少的。

产品口味：原味
产品份量：500g（25支）
储存方法：冷藏2℃-8℃
营养成分：富含优质蛋白质
配料成分：水、奶油、干酪、白糖、脱脂乳粉、浓缩牛乳蛋白等
适用人群：36个月以上儿童及成人食用

# 七、通过包装选购麦片

麦片是一种以麦子为原料加工而成的食品，若以原料来分，主要有以下四种：燕麦片、荞麦片、大麦片和小麦片。加工燕麦片，一般选用裸燕麦。荞麦有甜荞和苦荞两大品系，加工麦片以后者为佳。加工大麦片则多选用裸大麦（青稞），加工小麦片宜选用硬质白小麦。麦片还分为普通麦片和燕麦片，燕麦片是由燕麦做成的，由于麦片食物制作简单省时、食用方便，所以受到了人们的欢迎。按其加工工艺与制品特性来分，麦片有生麦片和熟麦片两大类。

## 生麦片

麦粒经清理、脱壳、剥皮、调质软化、辊压制片、冷却散湿后制成麦片，俗称轧麦片。可与主粮（大米或其他杂粮、杂豆）混配后熬煮麦片饭（粥），在果粥、八宝粥中也配有生麦片。生麦片加工采用辊压技术，将经适度剥皮后的麦粒压制成片状，通常一粒麦仁压制成一片。加工麦片，旨在改善麦类的蒸煮品质和食用品质，提高其消化性。原味生燕麦片简单地将燕麦压制成麦片，保证了谷类的完整性。营养学家认为这种整谷类食物的营养成分保留得最为全面，尤其是各种矿物质和维生素。原味生麦片没有添加蔗糖、盐、香精等原料，不产生额外的热量，所以最适合减肥的人士选用。

## 熟麦片

也称速溶即食麦片，是指适度剥皮后的麦粒，经不同的熟化处理，使其组织结构呈 $\alpha$ 化的麦片。其加工技术主要有四种，包括：①汽蒸熟化后辊压制片，②膨化旋切制片，③制粉、调浆、滚筒干燥制片，④调制、制粒熟化后压片。熟麦片是速食型食品，用热水或热牛乳、豆乳、椰乳或果汁冲调后即可食用。在麦片的加工过程中，可以添加氨基酸、维生素和矿物元素，也可与富含多种生理活性成分的基料混配后加工为功能性麦片。

即食燕麦和煮食燕麦主要是加工工艺的差别。即食燕麦经过了烘烤、碾压等精细加工工序，燕麦片一般细碎，可以直接泡牛奶、酸奶等。一些可以干吃的燕麦经过了膨化工艺，因此口感比较酥脆。煮食燕麦片又可分为快煮和慢煮。快煮燕麦片一般需要加水煮或微波 3~5min 或者直接沸水泡焖几分钟，相对比较方便，也没有即食的麦片流失那么多营养成分。慢煮燕麦片有生燕麦片、刚切燕麦片等。这些燕麦只经过碾压或刚切的工艺，营养成分基本保留完好。这些燕麦要以一定比例（1：4 左右）加水煮 10~20min。水果燕麦片基本都是即食的，很多都可以干吃，泡牛奶、酸奶也不错。

面对品种繁多的麦片产品，学会通过解读配料表和营养成分表来挑选很重要。绝大多数麦片的包装袋上都标注有营养成分表，包括热量、蛋白质、碳水化合物、脂肪和纤维等各类指标。选择时应特别注意每100g麦片中所含的各类营养成分的分量。每100g麦片中，所含热量最好在1400kJ上下浮动，碳水化合物含量应控制在65%~70%，可溶性膳食纤维在6mg左右为佳（一些经过精细加工的麦片，膳食纤维含量往往在4g以下），蛋白质含量则应在10%左右。这样的燕麦片营养损失小，也更均衡。为了追求速溶麦片的口感，不少产品生产时会添加白砂糖和植脂末等配料，食用时会有香甜的奶味，口感不错，但糖含量过多，有热量过高的风险，植脂末即通常所说的奶精，其主要成分为糊精、香精、氢化油。氢化油就是平常所说的反式脂肪酸，从科学角度讲，长期、过多食用会改变身体的正常代谢，增加罹患心血管病的概率，对人体有害。还有的速溶产品标着“营养麦片”的品名，但往往经过粉碎精加工，其膳食纤维也是流失得最多的。

**桂格醇香燕麦片 牛奶高钙**

【配料】:燕麦（添加量：35%）、白砂糖、复合麦片（含小麦、大麦、大豆）、复合蛋白配方粉（麦芽糖浆、植物油、大豆蛋白、白砂糖、磷酸氢二钾、单双甘油脂肪酸酯、磷脂（含大豆）、双乙酰酒石酸单双甘油酯、黄原胶、全脂乳粉、三聚磷酸钠、二氧化硅、食用香料）、脱脂乳粉（添加量：7%）、碳酸钙、食用香精（含鸡蛋）。
致敏原信息：含有燕麦、大豆、牛奶、小麦和鸡蛋制品。
奶精（植脂末）添加量为0。
【净含量/规格】:540克（27克x20包）
【储存条件】:请置于干燥凉爽处，避免阳光直射。
【保质期】:18个月
【食用方法】:沸水即冲即食

## 八、通过包装挑选月饼

月饼是久负盛名的中国传统糕点之一，也是中秋节节日食俗。月饼形圆，象征着团圆和睦。中秋节吃月饼的习俗始于唐朝，北宋之时在宫廷流行，后流传到民间，当时俗称“小饼”和“月团”，发展至明朝则成为全民共同的节俗食品。月饼与各地饮食习俗相融合，又发展出广式、京式、苏式、潮式、滇式等月饼，被我国各地的人们所喜爱。

当今月饼主要分类及产品特点如下。

（1）广式月饼：皮薄、松软、香甜、馅足。

（2）潮式月饼：皮酥馅细，油不肥舌，甜不腻口，其按内馅种类可分绿豆、乌豆、水晶、紫芋等种类，内核可包括蛋黄或海鲜等。

（3）苏式月饼：松脆、香酥、层酥相叠，重油而不腻，甜咸适口。

（4）滇式月饼：皮酥馅美，甜咸适中，色泽橙黄，油而不腻。

（5）京式月饼：外形精美，皮薄酥软，层次分明，风味诱人。

（6）徽式月饼：小巧玲珑，洁白如玉，皮酥馅饱。

（7）衢式月饼：酥香可口，芝麻当家。

（8）晋式月饼：甜香醇和，口味醇厚，酥绵爽口，甜而不腻。

（9）法式月饼：是将中国月饼文化和法国糕点工艺结合制成的一种非传统月饼，有乳酪、巧克力榛子、草莓、蓝莓、蔓越莓、樱桃等多种口味，口感香醇美味、松软细腻，味道与法式西点类似。

（10）冰皮月饼：特点是饼皮无须烤，冷冻后进食。以透明的乳白色表皮为主，也有紫、绿、红、黄等颜色。口味各不相同，外表谐美趣致。

（11）冰淇淋月饼：由冰淇淋和巧克力外壳用月饼的模子制成，中国南方虽至中秋但炎热未完全消退，美味加清凉的冰淇淋月饼成为很多消费者热衷的选择。

（12）果蔬月饼：馅料是各种果蔬，馅心滑软，口味有哈密瓜、凤梨、荔枝、草莓、芋头、乌梅、橙等。

（13）海味月饼：是比较名贵的月饼，馅料有鲍鱼、鱼翅、紫菜、瑶柱等，口味微带咸鲜，以甘香著称。

（14）纳凉月饼：把百合、绿豆、茶水糅进月饼馅精制而成，为最新的创意，有清润之功效。

（15）椰奶月饼：以鲜榨椰汁、淡奶及瓜果制成馅料，含糖量、含油量都较低，口感清甜，椰味浓郁。

（16） 茶叶月饼：又称新茶道月饼，以新绿茶为主馅料，口感清淡微香。

（17）保健月饼：近几年才出现的功能月饼，有人参月饼、钙质月饼、药膳月饼、含碘月饼等。

（18）象形月饼：过去称猪仔饼，馅料较硬，多为儿童之食；外观生动，是孩子们的新宠。

（19）鲜肉月饼：苏式月饼的一种，江浙沪一带的传统特色小吃，馅由鲜肉组成，皮脆而粉。

（20）杂粮月饼：原材料采用五谷杂粮，口味鲜美、健康时尚。

（21）榨菜月饼：是浙江杭州的特色食品，由榨菜、鲜肉等制成，含有丰富的碳水化合物、纤维素及维生素 E。

## 如何通过包装选购月饼

月饼是典型的高油高糖食品，也一直是最容易被过度包装的食品之一。如何透过层层“包装”迷雾选到心仪的月饼呢？

首先还是通过最简单的方法——观察标签，看名称、配料表、生产日期、保质期、厂址、产品执行标准号、生产许可标志及生产许可证编号等信息。其次要选择正规厂家的产品，不选三无产品，最后根据自己的口味、喜好及健康情况选择月饼。

很多消费者并不知道，月饼也有了新的国家标准，国家质检总局与中国国家标准化管理委员会发布的新版《GB/T19855—2015 月饼》新标准中明确了很多种月饼的定义。其中明确指出使用核桃仁、杏仁、橄榄仁、瓜子仁、芝麻仁等5种主要原料加工成馅的月饼才可称之为“五仁月饼”。这就意味着，以其他果仁为主要原料的“果仁类”月饼不能自称“五仁月饼”。橄榄仁一般200多块钱一斤，有些商家嫌贵，就换成了花生仁。消费者购买“五仁月饼”时要看清楚配料！新国家标准对其他月饼的命名也更加细化了。比如中国人爱吃的莲蓉月饼，可不是随便就能自称“莲蓉”的。新规指出：莲蓉类馅料中莲子的含量应该不低于60%，而莲子含量为100%的才能称为纯莲蓉月饼。

栗蓉类月饼的馅料中板栗含量不能低于60%；水果类月饼的馅料中水果及其制品的用量应不低于25%；如馅料中添加了火腿、叉烧、香肠等肉制品，含量不得低于5%，否则不能称之为肉馅月饼。

新国标不仅给月饼“验明正身”，还不忘让不同地域的月饼从此“当家做主”。此次新国标中，特意将此前的“按地方风味特色”明确改为“按派式特色分类”，除了我们熟知的传统广式、京式月饼，还新增了“潮式”“滇式”“晋式”“琼式”“台式”和“哈式”六种分类。

## 购买月饼的小 TIPS

1．“无糖月饼”不存在

现在市面上出现了“无糖月饼”这个品种，但 2017 年就有专家指出，“无糖月饼”是相对于一般含糖月饼而言，它不含精制糖，而用其他甜味剂代替，并非指没有糖类（碳水化合物）。当人们吃进这些“无糖月饼”后，不论是麦芽糖、葡萄糖、其他糖类还是淀粉，都会在体内转化成葡萄糖被人体吸收。糖尿病患者如果食用不当或过量食用，仍会引起餐后血糖升高和波动。根据《预包装食品营养标签通则》的规定，食品声称“无糖”，须满足固体或液体食品中每 100g 或每 100mL 的含糖量不高于 0.5g（指所有的碳水化合物）。月饼皮主要由面粉或米粉制成，即使里面不添加蔗糖，但它本身的主要成分是淀粉等碳水化合物，也属于糖，难以达到无糖食品的国家标准。由此可见，“无糖月饼”并非真正意义上的“无糖”。另外，虽然无糖月饼没有添加蔗糖，但其中仍然含有油脂，属于高脂、高能量食品。有糖尿病、肥胖和高血脂的消费者，食用“无糖月饼”时应慎重选择，切不可大量食用。

2．保健月饼不保健

有一些月饼为了卖出高价，声称馅料中使用了燕窝、鱼翅、鲍鱼等山珍海味，还声称有保健作用。目前还没有月饼中营养物质含量的国家标准，也没有规定所含营养成分应该达到什么标准才能成为“保健食品”，因此其中营养成分的功效无法界定，不能随意声称其具有保健作用。

3．水果月饼没水果

现在市面上大部分的水果味月饼，内馅都主要是由冬瓜制成。因为冬瓜比水果好保存，不仅纤维含量高、口感好，关键还无色无味，加什么香精就能体现什么风味。所以，我们吃的各种水果味的月饼，可能并不是水果做的，而是添加了水果味的冬瓜馅儿月饼。

金丝枣蓉 配料：金丝枣蓉馅【金丝小枣（含量≥32%）、白砂糖、白芸豆、
精】、小麦粉、白砂糖、植物油、饮用水、食用玉米淀粉、鸡蛋、食品添加
紫薯山药 配料：紫薯山药馅【白芸豆、白砂糖、紫薯（含量≥25%）、山
水、脱氢乙酸钠】、小麦粉、白砂糖、植物油、饮用水、食用玉米淀粉、
酸钠、柠檬酸）
凤梨 配料：凤梨馅【冬瓜、凤梨原浆（含量≥25%）、白砂糖、植物油、
物油、饮用水、食用玉米淀粉、鸡蛋、食品添加剂（碳酸钾、碳酸钠、
生产日期/制造地：见包装日期喷码及字母代号。
贮存条件：请置于凉爽干燥处，拆封后请及早食用。

依据《GB/T21270—2007 食品馅料》中附录A“食品馅料按原料的分类”的相关规定，馅料中水果及其制品的用量应不低于25%。水果味月饼馅料中可以加入冬瓜、胡萝卜等基料，添加或者不添加食用香精、着色剂。水果成分超过25%的为水果月饼，低于此标准则为“水果味”月饼。也就是说，水果味的月饼可以不添加所称的水果，以其他基料为主要馅料，再以食用香精调出风味即可。所以，我们在选购月饼的时候，还需多加注意，不要一味只看包装精美与否，更要多注意细节，仔细对照配料，谨防上当受骗。

# 九、通过标签选购进口水果

随着大家的生活水平的提高以及对品质生活的追求，进口水果渐渐走进了寻常百姓家。细心的消费者也许会发现，不少进口水果的标签上都有一组阿拉伯数字，比如，新西兰奇异果“Zespri4030”、美国进口啤梨“4416”、美国红蛇果“4016”。但并不是所有的进口水果标签上都有数字，像来自泰国的山竹、越南的火龙果等就没有这些数字。大家也许就纳闷了，这些标签到底代表什么呢？

下面，我们一起来看看这些数字背后所蕴含的丰富信息。

这种代码叫作“价格查找代码”，英文名“price look- up codes”，简称 PLU 代码。PLU 码，是进口农产品所贴的标签上 4 位或 5 位的数字组合。每组四位码代表一特定品种及产区的组合，消费者可以通过扫描 PLU 码标签，获得该产品的价格、品种等信息。由四位数字组成的四位数代码就是普通的水果和蔬菜，如果是五位数的话，特别是以 8 或 9 开头的代码，就表示它不是普通的农产品。

1990 年，PLU 码起源于北美，2001 年国际农产品标准联盟（International Federation for Produce Standards，简称 IFPS，是一个促进世界各地蔬菜水果行业沟通协作的全球性行业协会）为了方便超市跟踪查询产品的种类、大小以及价格等信息，将 PLU 码用在散装且未经加工的蔬菜、水果、草药、调料以及干果上，并将之推广到全球。

PLU 的基本代码由 4 位数字组成，都是以 3 或者 4 开头，代表这个农作物是用传统的方法种植的。每组四位码代表一特定品种、规格或等级及产区的组合，分配给一个具体的种类。号码的分配是没有规律的，也就是说，一个品种申请号码，就从还没有被占用的号码中随机选择一个分配给它。有的水果会根据大小分配 2 个或者 3 个代码。我们经常见到的美国进口橙有两个 PLU 四位码，分别是“3107”和“3108”，两个不同的码代表着两种品质的橙子，“3107”是甜橙，即一般的脐橙；“3108”则是没有脐的夏橙，比较酸。北美的哈密瓜，小个的代码是 4318，大个的是 4319。而北美的橘子，小个的是 3425，大个的是 3427，中等大小的是 3426。苹果有 122 个码，桃子有 10 个码，李子有 14 个码，油桃有 6 个码。例如“4133”代表“苹果，小富士种，小，西部产区”；“4153”意为“苹果，小富士种，大，西部产区”。蛇果，也就是市面上我们经常可以看到的一种苹果，最小个的话，它的代码是 4015，大个头的是 4016，最大号的是 3284。

目前，IFPS 给这些 4 位代码加了一个“前缀码”，用来区分产品的种植方式。前缀“9”表示有机生产，前缀“8”表示经过基因改造，而前缀“0”表示这两种情况之外的传统生产（即可以用化肥、农药等常规种植技术，但品种不能经过基因改造）。前缀“0”可以省略，所以四位码表示常规产品，而五位码只会由“8”或者“9”开头。比如一种常规种植的木瓜代码是 4052，如果这个种类的木瓜是有机种植的，代码就是 94052。如果同一种类进行了转基因操作，则代码就是 84052。

当然，这个 PLU 代码也不是强制性的，种植商可以选择贴码也可以选择不贴码，选择权完全掌握在种植商手里。这就是为什么有些进口水果有 PLU 码，另一些水果则没有。一般来说，北美地区输出的水果是有这个 PLU 码的，东南亚地区输出的水果则没有。

国内一些小型的超市出售的水果，大部分也贴有标签，只是这些标签上没有上述提及的 PLU 码，而是商家为了浑水摸鱼贴上的，并非是进口水果。消费者在购买时，该如何辨别真假“洋水果”呢？一般而言，进口水果在进口时有着严格的检查程序，可以放心食用。消费者在购买时除了看水果的纸箱包装上的信息和 PLU 码之外，买水果一定要参照国家质检总局网站上公布的《新鲜水果种类及输出国家地址名录》，辨别生产国是否对我国输出这种品类的水果，以防买到假的进口水果。目前整个鲜榴莲允许进口准入的只有泰国，而市场上出售的所谓越南鲜榴莲、马来西亚鲜榴莲，都是经不起推敲的。

# 第六章

# 懂点法规好处多

## 一、国外食品包装相关规定

近年来我国已经增补了不少和食品包装相关的法律和法规，但与发达国家相比仍存在一定差距。以下是一些国外的食品包装的相关规定。

美国食品药品监督管理局 FDA 规定，所有包装接触材料不能含有致癌物质，企业必须通过检测，确保自己的包装材料中不含禁用物质，将检测数据和企业的承诺写入合同中，并为此承担法律责任。所以在美国，甚至出现过食品厂家因为包装问题导致破产的案例。国内对包装材料的迁移物总量没有特别明确的限制，而欧美国家对迁移物总量的限制十分明确，例如，1kg 包装对内容物的迁移物总量不能超过 60mg。根据美国 FDA 的定义，包装材料是一种间接添加剂，在使用过程中，包装材料可能会直接或间接地变成食品的一种成分，如果食品包装材料不会迁移到食品中，则不会成为食品的成分之一，因此也就不属于食品添加剂。一般的油墨没有涉及食品添加剂的规定，印在食品包装外层的油墨，如果包装基材在油墨与食品之间充当了功能性阻隔层，那么印刷油墨不属于间接食品添加剂。

美国自 1994 年起强制实施营养标签法规，现行标准规定必须标明的营养成分达15种，除与中国重合的5种外，还包括维生素、糖、膳食纤维、胆固醇等，是全世界最详细的营养成分标注之一。同时FDA给出了针对美国营养标签的详细阅读指南。例如，在阅读NRV%时，不但要看数值，还要注意计算这个数值所使用的单位。如果规定含量可以以100g、100mL或“1份”作单位，那么，如果一次食用了200g某产品，其提供的能量可能需要用标签上的能量参考数值乘以2。再如“反式脂肪酸”，美国标准要求必须标明其含量，即使这个数值为0。FDA没有为此成分设推荐用量，但是特别提示，为了健康起见应谨慎控制此类物质的摄入，尽量少吃。

随着经济的发展，人们在生活水平不断提高的同时对于身体健康也越来越重视，双酚A的禁用就是最好的证明。美国用法律条款的形式来禁用双酚A，直接将婴幼儿食品包装禁止添加双酚A写入国家法规，进一步保证了国民安全。塑料作为常用包装材料有很多优良性能，但从人体健康的角度来看，它确实存在安全隐患。虽然不断有专家表示，按国家标准制作的塑料对于人体来说是安全的，但是近年来，在诸多食品安全事件中直接与塑料制品相关的不计其数。其中影响最大的就是塑化剂和双酚A事件。有关双酚A对人体特别是儿童健康有潜在不良影响的报道使双酚A变得臭名昭著。欧盟的许多国家和地区早已将“双酚A”奶瓶扫货下架。欧盟认为，含双酚A的奶瓶会诱发婴幼儿性早熟，从2011年3月1日起正式禁产；中国随后在2011

年6月起也禁产“双酚A”奶瓶，9月起全面禁止进口和销售该产品。加拿大是第一个立法禁止“双酚A”的国家，欧盟及澳大利亚、新西兰等国也相继出台禁令，淘汰含“双酚A”的产品范围也从婴儿奶瓶一类产品扩大至不同种类的婴幼儿食用器具。

欧盟对食品接触材料和制品的要求向来严格。英国、德国、法国和意大利等欧洲国家将各自的相关法规汇总归纳，发展成欧盟地区共同适用的食品接触包装法规，此法规还在不断完善的过程中。欧盟的规定认为：玻璃、金属实际上是惰性材料，纸包装也被认为是无害的。对食品包装材料来说，大部分法规都集中在塑料材料上，欧盟的食品接触包装材料相关法规框架是EC Framework Directive89/109/EEC，此项法规规定：食品接触的包装材料必须符合食品生产厂家的要求，在正常使用条件下不会迁移到食品中，不会出现危害人体健康和导致食品变质、变味的问题。

## 二、中国预包装食品标签通则

过去，我国在食品包装领域的法律法规并不多，与发达国家相比，食品包装法律法规不够健全，这种情况在近10年有所改善。食品包装与百姓生活息息相关，但是关于食品包装的法律法规在大众中并不普及。《中华人民共和国食品安全法》中的第四章“食品生产经营”，其中第 3 节“标签、说明书和广告”对食品包装做了详细的规定，仅关于食品包装标签的内容就有上千字。目前，我国现行与食品标签相关的强制性国家标准有《GB7718—2011　食品安全国家标准　预包装食品标签通则》和《GB28050—2011　食品安全国家标准　预包装食品营养标签通则》。本书最后附上《GB7718—2011 食品安全国家标准　预包装食品标签通则》，以便读者查阅。

## GB7718—2011 食品安全国家标准　预包装食品标签通则

本标准代替 GB7718—2004《预包装食品标签通则》。

本标准与 GB7718—2004 相比，主要变化如下：

GB
中华人民共和国国家标准
GB 7718—2011
食品安全国家标准
预包装食品标签通则
2011-04-20 发布　2012-04-20 实施
中华人民共和国卫生部　发布

——修改了适用范围；

——修改了预包装食品和生产日期的定义，增加了规格的定义，取消了保存期的定义；

——修改了食品添加剂的标示方式；

——增加了规格的标示方式；

——修改了生产者、经销者的名称、地址和联系方式的标示方式；

——修改了强制标示内容的文字、符号、数字的高度不小于 1.8mm 时的包装物或包装容器的最大表面面积；

——增加了食品中可能含有致敏物质时的推荐标示要求；

——修改了附录 A 中最大表面面积的计算方法；

——增加了附录 B 和附录 C。

1　范围

本标准适用于直接提供给消费者的预包装食品标签和非直接提供给消费者的预包装食品标签。

本标准不适用于为预包装食品在储藏运输过程中提供保护的食品储运包装标签、散装食品和现制现售食品的标识。

2　术语和定义

2.1　预包装食品

预先定量包装或者制作在包装材料和容器中的食品，包括预先定量包装以及预先定量制作在包装材料和容器中并且在一定量限范围内具有统一的质量或体积标识的食品。

2.2　食品标签

食品包装上的文字、图形、符号及一切说明物。

2.3　配料

在制造或加工食品时使用的，并存在（包括以改性的形式存在）于产品中的任何物质，包括食品添加剂。

2.4　生产日期（制造日期）

食品成为最终产品的日期，也包括包装或灌装日期，即将食品装入（灌入）包装物或容器中，形成最终销售单元的日期。

2.5　保质期

预包装食品在标签指明的贮存条件下，保持品质的期限。在此期限内，产品完全适于销售，并保持标签中不必说明或已经说明的特有品质。

2.6 规格

同一预包装内含有多件预包装食品时，对净含量和内含件数关系的表述。

2.7 主要展示版面

预包装食品包装物或包装容器上容易被观察到的版面。

3 基本要求

3.1 应符合法律、法规的规定，并符合相应食品安全标准的规定。

3.2 应清晰、醒目、持久，应使消费者购买时易于辨认和识读。

3.3 应通俗易懂、有科学依据，不得标示封建迷信、色情、贬低其他食品或违背营养科学常识的内容。

3.4 应真实、准确，不得以虚假、夸大、使消费者误解或欺骗性的文字、图形等方式介绍食品，也不得利用字号大小或色差误导消费者。

3.5 不应直接或以暗示性的语言、图形、符号，误导消费者将购买的食品或食品的某一性质与另一产品混淆。

3.6 不应标注或者暗示具有预防、治疗疾病作用的内容，非保健食品不得明示或者暗示具有保健作用。

3.7 不应与食品或者其包装物（容器）分离。

3.8 应使用规范的汉字（商标除外）。具有装饰作用的各种艺术字，应书写正确，易于辨认。

3.8.1 可以同时使用拼音或少数民族文字，拼音不得大于相应汉字。

3.8.2 可以同时使用外文，但应与中文有对应关系（商标、进口食品的制造者和地址、国外经销者的名称和地址、网址除外）。所有外文不得大于相应的汉字（商标除外）。

3.9　预包装食品包装物或包装容器最大表面面积大于 35cm$^2$ 时（最大表面面积计算方法见附录 A），强制标示内容的文字、符号、数字的高度不得小于 1.8mm。

3.10　一个销售单元的包装中含有不同品种、多个独立包装可单独销售的食品，每件独立包装的食品标识应当分别标注。

3.11　若外包装易于开启识别或透过外包装物能清晰地识别内包装物（容器）上的所有强制标示内容或部分强制标示内容，可不在外包装物上重复标示相应的内容；否则应在外包装物上按要求标示所有强制标示内容。

4　标示内容

4.1　直接向消费者提供的预包装食品标签标示内容

4.1.1　一般要求

直接向消费者提供的预包装食品标签标示应包括食品名称、配料表、净含量和规格、生产者和（或）经销者的名称、地址和联系方式、生产日期和保质期、贮存条件、食品生产许可证编号、产品标准代号及其他需要标示的内容。

4.1.2　食品名称

4.1.2.1　应在食品标签的醒目位置，清晰地标示反映食品真实属性的专用名称。

4.1.2.1.1　当国家标准、行业标准或地方标准中已规定了某食品的一个或几个名称时，应选用其中的一个，或等效的名称。

4.1.2.1.2　无国家标准、行业标准或地方标准规定的名称时，应使用不使消费者误解或混淆的常用名称或通俗名称。

4.1.2.2　标示“新创名称”“奇特名称”“音译名称”“牌号名称”“地区俚语名称”或“商标名称”时，应在所示名称的同一展示版面标示 4.1.2.1 规定的名称。

4.1.2.2.1　当“新创名称”“奇特名称”“音译名称”“牌号名称”“地区俚语名称”或“商标名称”含有易使人误解食品属性的文字或术语（词语）时，应在所示名称的同一展示版面邻近部位使用同一字号标示食品真实属性的专用名称。

4.1.2.2.2　当食品真实属性的专用名称因字号或字体颜色不同易使人误解食品属性时，也应使用同一字号及同一字体颜色标示食品真实属性的专用名称。

4.1.2.3　为不使消费者误解或混淆食品的真实属性、物理状态或制作方法，可以在食品名称前或食品名称后附加相应的词或短语。如干燥的、浓缩的、复原的、熏制的、油炸的、粉末的、粒状的等。

4.1.3　配料表

4.1.3.1　预包装食品的标签上应标示配料表，配料表中的各种配料应按 4.1.2 的要求标示具体名称，食品添加剂按照 4.1.3.1.4 的要求标示名称。

4.1.3.1.1　配料表应以“配料”或“配料表”为引导词。当加工过程中所用的原料已改变为其他成分（如酒、酱油、食醋等发酵产品）时，可用“原料”或“原料与辅料”代替“配料”“配料表”，并按本标准相应条款的要求标示各种原料、辅料和食品添加剂。加工助剂不需要标示。

4.1.3.1.2 各种配料应按制造或加工食品时加入量的递减顺序一一排列；加入量不超过2%的配料可以不按递减顺序排列。

4.1.3.1.3 如果某种配料是由两种或两种以上的其他配料构成的复合配料（不包括复合食品添加剂），应在配料表中标示复合配料的名称，随后将复合配料的原始配料在括号内按加入量的递减顺序标示。当某种复合配料已有国家标准、行业标准或地方标准，且其加入量小于食品总量的25%时，不需要标示复合配料的原始配料。

4.1.3.1.4 食品添加剂应当标示其在GB 2760中的食品添加剂通用名称。食品添加剂通用名称可以标示为食品添加剂的具体名称，也可标示为食品添加剂的功能类别名称并同时标示食品添加剂的具体名称或国际编码（INS号）（标示形式见附录B）。在同一预包装食品的标签上，应选择附录B中的一种形式标示食品添加剂。当采用同时标示食品添加剂的功能类别名称和国际编码的形式时，若某种食品添加剂尚不存在相应的国际编码，或因致敏物质标示需要，可以标示其具体名称。食品添加剂的名称不包括其制法。加入量小于食品总量25%的复合配料中含有的食品添加剂，若符合GB 2760规定的带入原则且在最终产品中不起工艺作用的，不需要标示。

4.1.3.1.5 在食品制造或加工过程中，加入的水应在配料表中标示。在加工过程中已挥发的水或其他挥发性配料不需要标示。

4.1.3.1.6 可食用的包装物也应在配料表中标示原始配料，国家另有法律法规规定的除外。

4.1.3.2 下列食品配料，可以选择按表1的方式标示。

表1 配料标示方式

| 配料类别 | 标示方式 |
| --- | --- |
| 各种植物油或精炼植物油，不包括橄榄油 | “植物油”或“精炼植物油”；如经过氢化处理，应标示为“氢化”或“部分氢化” |
| 各种淀粉，不包括化学改性淀粉 | “淀粉” |
| 加入量不超过2%的各种香辛料或香辛料浸出物（单一的或合计的） | “香辛料”“香辛料类”或“复合香辛料” |
| 胶基糖果的各种胶基物质制剂 | “胶姆糖基础剂”“胶基” |
| 添加量不超过10%的各种果脯蜜饯水果 | “蜜饯”“果脯” |
| 食用香精、香料 | “食用香精”“食用香料”“食用香精香料” |

4.1.4 配料的定量标示

4.1.4.1 如果在食品标签或食品说明书上特别强调添加了或含有一种或多种有价值、有特性的配料或成分，应标示所强调配料或成分的添加量或在成品中的含量。

4.1.4.2 如果在食品的标签上特别强调一种或多种配料或成分的含量较低或无时，应标示所强调配料或成分在成品中的含量。

4.1.4.3 食品名称中提及的某种配料或成分而未在标签上特别强调，不需要标示该种配料或成分的添加量或在成品中的含量。

4.1.5 净含量和规格

4.1.5.1 净含量的标示应由净含量、数字和法定计量单位组成（标示形式参见附录C）。

4.1.5.2　应依据法定计量单位，按以下形式标示包装物（容器）中食品的净含量：

a）液态食品，用体积升（L）（l）、毫升（mL）（ml），或用质量克（g）、千克（kg）；

b）固态食品，用质量克（g）、千克（kg）；

c）半固态或黏性食品，用质量克（g）、千克（kg）或体积升（L）（l）、毫升（mL）（ml）。

4.1.5.3　净含量的计量单位应按表 2 标示。

表 2　净含量计量单位的标示方式

| 计量方式 | 净含量（$Q$）的范围 | 计量单位 |
| --- | --- | --- |
| 体积 | $Q$<1000mL<br>$Q$≥1000mL | 毫升（mL）（ml）<br>升（L）（l） |
| 质量 | $Q$<1000g<br>$Q$≥1000g | 克（g）<br>千克（kg） |

4.1.5.4　净含量字符的最小高度应符合表 3 的规定。

表 3　净含量字符的最小高度

| 净含量（$Q$）的范围 | 字符的最小高度（mm） |
| --- | --- |
| $Q$≤50mL；$Q$≤50g | 2 |
| 50mL<$Q$≤200mL；50g<$Q$≤200g | 3 |
| 200mL<$Q$≤1L；200g<$Q$≤1kg | 4 |
| $Q$>1kg；$Q$>1L | 6 |

4.1.5.5　净含量应与食品名称在包装物或容器的同一展示版面标示。

4.1.5.6　容器中含有固、液两相物质的食品，且固相物质为主要食品配料时，除标示净含量外，还应以质量或质量分数的形式标示沥干物（固形物）的含量（标示形式参见附录 C）。

4.1.5.7　同一预包装内含有多个单件预包装食品时，大包装在标示净含量的同时还应标示规格。

4.1.5.8　规格的标示应由单件预包装食品净含量和件数组成，或只标示件数，可不标示“规格”二字。单件预包装食品的规格即指净含量（标示形式参见附录 C）。

4.1.6　生产者、经销者的名称、地址和联系方式

4.1.6.1　应当标注生产者的名称、地址和联系方式。生产者名称和地址应当是依法登记注册、能够承担产品安全质量责任的生产者的名称、地址。有下列情形之一的，应按下列要求予以标示。

4.1.6.1.1　依法独立承担法律责任的集团公司、集团公司的子公司，应标示各自的名称和地址。

4.1.6.1.2　不能依法独立承担法律责任的集团公司的分公司或集团公司的生产基地，应标示集团公司和分公司（生产基地）的名称、地址；或仅标示集团公司的名称、地址及产地，产地应当按照行政区划标注到地市级地域。

4.1.6.1.3　受其他单位委托加工预包装食品的，应标示委托单位和受委托单位的名称和地址；或仅标示委托单位的名称和地址及产地，产地应当按照行政区划标注到地市级地域。

4.1.6.2　依法承担法律责任的生产者或经销者的联系方式应标

示以下至少一项内容：电话、传真、网络联系方式等，或与地址一并标示的邮政地址。

4.1.6.3 进口预包装食品应标示原产国国名或地区区名（如香港、澳门、台湾），以及在中国依法登记注册的代理商、进口商或经销者的名称、地址和联系方式，可不标示生产者的名称、地址和联系方式。

4.1.7 日期标示

4.1.7.1 应清晰标示预包装食品的生产日期和保质期。如日期标示采用“见包装物某部位”的形式，应标示所在包装物的具体部位。日期标示不得另外加贴、补印或篡改（标示形式参见附录C）。

4.1.7.2 当同一预包装内含有多个标示了生产日期及保质期的单件预包装食品时，外包装上标示的保质期应按最早到期的单件食品的保质期计算。外包装上标示的生产日期应为最早生产的单件食品的生产日期，或外包装形成销售单元的日期；也可在外包装上分别标示各单件装食品的生产日期和保质期。

4.1.7.3 应按年、月、日的顺序标示日期，如果不按此顺序标示，应注明日期标示顺序（标示形式参见附录C）。

4.1.8 贮存条件

预包装食品标签应标示贮存条件（标示形式参见附录C）。

4.1.9 食品生产许可证编号

预包装食品标签应标示食品生产许可证编号的，标示形式按照相关规定执行。

4.1.10 产品标准代号

在国内生产并在国内销售的预包装食品（不包括进口预包装食品）应标示产品所执行的标准代号和顺序号。

4.1.11　其他标示内容

4.1.11.1　辐照食品

4.1.11.1.1　经电离辐射线或电离能量处理过的食品，应在食品名称附近标示“辐照食品”。

4.1.11.1.2　经电离辐射线或电离能量处理过的任何配料，应在配料表中标明。

4.1.11.2　转基因食品

转基因食品的标示应符合相关法律、法规的规定。

4.1.11.3　营养标签

4.1.11.3.1　特殊膳食类食品和专供婴幼儿的主辅类食品，应当标示主要营养成分及其含量，标示方式按照 GB 13432 执行。

4.1.11.3.2　其他预包装食品如需标示营养标签，标示方式参照相关法规标准执行。

4.1.11.4　质量（品质）等级

食品所执行的相应产品标准已明确规定质量（品质）等级的，应标示质量（品质）等级。

4.2　非直接提供给消费者的预包装食品标签标示内容

非直接提供给消费者的预包装食品标签应按照 4.1 项下的相应要求标示食品名称、规格、净含量、生产日期、保质期和贮存条件，其他内容如未在标签上标注，则应在说明书或合同中注明。

4.3　标示内容的豁免

4.3.1　下列预包装食品可以免除标示保质期：酒精度大于等于10%的饮料酒；食醋；食用盐；固态食糖类；味精。

4.3.2　当预包装食品包装物或包装容器的最大表面面积小于

$10cm^2$ 时（最大表面面积计算方法见附录 A），可以只标示产品名称、净含量、生产者（或经销商）的名称和地址。

4.4　推荐标示内容

4.4.1　批号

根据产品需要，可以标示产品的批号。

4.4.2　食用方法

根据产品需要，可以标示容器的开启方法、食用方法、烹调方法、复水再制方法等对消费者有帮助的说明。

4.4.3　致敏物质

4.4.3.1　以下食品及其制品可能导致过敏反应，如果用作配料，宜在配料表中使用易辨识的名称，或在配料表邻近位置加以提示：

a）含有麸质的谷物及其制品（如小麦、黑麦、大麦、燕麦、斯佩耳特小麦或它们的杂交品系）；

b）甲壳纲类动物及其制品（如虾、龙虾、蟹等）；

c）鱼类及其制品；

d）蛋类及其制品；

e）花生及其制品；

f）大豆及其制品；

g）乳及乳制品（包括乳糖）；

h）坚果及其果仁类制品。

4.4.3.2　如加工过程中可能带入上述食品或其制品，宜在配料表临近位置加以提示。

5.　其他

按国家相关规定需要特殊审批的食品，其标签标识按照相关规定执行。

## 附录 A　包装物或包装容器最大表面面积计算方法

A.1　长方体形包装物或长方体形包装容器计算方法

长方体形包装物或长方体形包装容器的最大一个侧面的高度（cm）乘以宽度（cm）。

A.2　圆柱形包装物、圆柱形包装容器或近似圆柱形包装物、近似圆柱形包装容器计算方法

包装物或包装容器的高度（cm）乘以圆周长（cm）的 40%。

A.3　其他形状的包装物或包装容器计算方法

包装物或包装容器的总表面积的 40%。

如果包装物或包装容器有明显的主要展示版面，应以主要展示版面的面积为最大表面面积。

包装袋等计算表面面积时应除去封边所占尺寸。瓶形或罐形包装计算表面面积时不包括肩部、颈部、顶部和底部的凸缘。

# 附录B　食品添加剂在配料表中的标示形式

B.1　按照加入量的递减顺序全部标示食品添加剂的具体名称

配料：水，全脂奶粉，稀奶油，植物油，巧克力（可可液块，白砂糖，可可脂，磷脂，聚甘油蓖麻醇酯，食用香精，柠檬黄），葡萄糖浆，丙二醇脂肪酸酯，卡拉胶，瓜尔胶，胭脂树橙，麦芽糊精，食用香料。

B.2　按照加入量的递减顺序全部标示食品添加剂的功能类别名称及国际编码

配料：水，全脂奶粉，稀奶油，植物油，巧克力[可可液块，白砂糖，可可脂，乳化剂（322，476），食用香精，着色剂（102）]，葡萄糖浆，乳化剂（477），增稠剂（407，412），着色剂（160b），麦芽糊精，食用香料。

B.3　按照加入量的递减顺序全部标示食品添加剂的功能类别名称及具体名称

配料：水，全脂奶粉，稀奶油，植物油，巧克力[可可液块，白砂糖，可可脂，乳化剂（磷脂，聚甘油蓖麻醇酯），食用香精，着色剂（柠檬黄）]，葡萄糖浆，乳化剂（丙二醇脂肪酸酯），增稠剂（卡拉胶，瓜尔胶），着色剂（胭脂树橙），麦芽糊精，食用香料。

B.4　建立食品添加剂项一并标示的形式

B.4.1　一般原则

直接使用的食品添加剂应在食品添加剂项中标注。营养强化剂、食用香精香料、胶基糖果中基础剂物质可在配料表的食品添加剂项外标注。非直接使用的食品添加剂不在食品添加剂项中标注。食品添加剂项在配料表中的标注顺序由需纳入该项的各种食品添加剂的总重量决定。

B.4.2 全部标示食品添加剂的具体名称

配料：水，全脂奶粉，稀奶油，植物油，巧克力（可可液块，白砂糖，可可脂，磷脂，聚甘油蓖麻醇酯，食用香精，柠檬黄），葡萄糖浆，食品添加剂（丙二醇脂肪酸酯，卡拉胶，瓜尔胶，胭脂树橙），麦芽糊精，食用香料。

B.4.3 全部标示食品添加剂的功能类别名称及国际编码

配料：水，全脂奶粉，稀奶油，植物油，巧克力[可可液块，白砂糖，可可脂，乳化剂（322，476），食用香精，着色剂（102）]，葡萄糖浆，食品添加剂[乳化剂（477），增稠剂（407，412），着色剂（160b）]，麦芽糊精，食用香料。

B.4.4 全部标示食品添加剂的功能类别名称及具体名称

配料：水，全脂奶粉，稀奶油，植物油，巧克力[可可液块，白砂糖，可可脂，乳化剂（磷脂，聚甘油蓖麻醇酯），食用香精，着色剂（柠檬）]，葡萄糖浆，食品添加剂[乳化剂（丙二醇脂肪酸酯），增稠剂（卡拉胶，瓜尔胶），着色剂（胭脂树橙）]，麦芽糊精，食用香料。

# 附录C　部分标签项目的推荐标示形式

C.1　概述

本附录以示例形式提供了预包装食品部分标签项目的推荐标示形式，标示相应项目时可选用但不限于这些形式。如需要根据食品特性或包装特点等对推荐形式调整使用的，应与推荐形式基本含义保持一致。

C.2　净含量和规格的标示

为方便表述，净含量的示例统一使用质量为计量方式，使用冒号为分隔符。标签上应使用实际产品适用的计量单位，并可根据实际情况选择空格或其他符号作为分隔符，便于识读。

C.2.1　单件预包装食品的净含量（规格）可以有如下标示形式：

净含量（或净含量/规格）：450克；

净含量（或净含量/规格）：225克（200克+送25克）；

净含量（或净含量/规格）：200克+赠25克；

净含量（或净含量/规格）：（200＋25）克。

C.2.2　净含量和沥干物（固形物）可以有如下标示形式（以“糖水梨罐头”为例）：

净含量（或净含量/规格）：425克　沥干物（或固形物或梨块）：不低于255克（或不低于60%）。

C.2.3　同一预包装内含有多件同种类的预包装食品时，净含量和规格均可以有如下标示形式：

净含量（或净含量/规格）：40克×5；

净含量（或净含量/规格）：5×40克；

净含量（或净含量/规格）：200克（5×40克）；

净含量（或净含量/规格）：200克（40克×5）；

净含量（或净含量/规格）：200克（5件）；

净含量：200克　规格：5×40克；

净含量：200克　规格：40克×5；

净含量：200克　规格：5件；

净含量（或净含量/规格）：200克（100克+50克×2）；

净含量（或净含量/规格）：200克（80克×2+40克）；

净含量：200克　规格：100克+50克×2；

净含量：200克　规格：80克×2+40克。

C.2.4　同一预包装内含有多件不同种类的预包装食品时，净含量和规格可以有如下标示形式：

净含量（或净含量/规格）：200克（A产品40克×3，B产品40克×2）；

净含量（或净含量/规格）：200克（40克×3，40克×2）；

净含量（或净含量/规格）：100克A产品，50克×2 B产品，50克C产品；

净含量（或净含量/规格）：A产品：100克，B产品：50克×2，C产品：50克；

净含量/规格：100克（A产品），50克×2（B产品），50克（C产品）；

净含量/规格：A产品100克，B产品50克×2，C产品50克。

C.3　日期的标示

日期中年、月、日可用空格、斜线、连字符、句点等符号分隔，或不用分隔符。年代号一般应标示4位数字，小包装食品也可以标示2位数字。月、日应标示2位数字。

日期的标示可以有如下形式：

2010年3月20日；

2010 03 20；2010/03/20；20100320；

20日3月2010年；3月20日2010年；

（月/日/年）：03 20 2010；03/20/2010；03202010。

C.4 保质期的标示

保质期可以有如下标示形式：

最好在……之前食（饮）用；……之前食（饮）用最佳；……之前最佳；此日期前最佳……；此日期前食（饮）用最佳……；保质期（至）……；保质期××个月（或××日，或××天，或××周，或×年）。

C.5 贮存条件的标示

贮存条件可以标示“贮存条件”“贮藏条件”“贮藏方法”等标题，或不标示标题。

贮存条件可以有如下标示形式：

常温（或冷冻，或冷藏，或避光，或阴凉干燥处）保存；

××~××℃保存；

请置于阴凉干燥处；

常温保存，开封后需冷藏；

温度：≤××℃，湿度：≤××%。

# 参考文献

[1] 章建浩．食品包装技术 [M]. 北京：中国轻工业出版社，2001.

[2] 高德．实用食品包装技术 [M]. 北京：化学工业出版社，2004.

[3] 刘士伟，王林山．食品包装技术 [M]. 北京：化学工业出版社， 2012.

[4] 北京市人民代表大会常务委员会．北京市食品安全条例 [EB/OL].（2012-12-27）. http://fuwu.bjrd.gov.cn/rdzw/information/ exchange/Laws.do?method=showInfoForWeb&id=2012180.

[5] 国家食品药品监督管理总局．乳品质量安全监督管理条例（国务院令第536 号）[EB/OL]. http://www.sda.gov.cn/WS01/CL1975/222999.html.

[6] 国家食品药品监督管理总局．食品生产加工企业质量安全监督管理实施细则（试行）（质检总局第 79 号令）[EB/OL]. http://www.sda.gov.cn/WS01/CL0053/91171.html.

[7] 国家质量监督检验检疫总局．有机产品认证管理办法（质检总局令第 155 号）[EB/OL]. http://www.aqsiq.gov.cn/xxgk_13386/ jlgg_12538/zjl/2013/201311/t20131120_387865.htm.

[8] 周立成，刘峰．中国包装年鉴 2010—2011[M]. 中国包装联合会，2012.

[9] 卫生部．食品营养标签管理规范 [EB/OL]. http://www.nhfpc.gov.cn/zwgk/wtwj/201304/17fe816424ab4dafbecd720ab6209045.shtml.

[10] 中国标准出版社．中国包装标准汇编：食品包装卷 [M].2 版．中国标准出版社，2016.